Seth Warner

Magische Pilze

Seth Warner

Magische Pilze

Das Einsteigerbuch

Mit einem Vorwort von Dennis McKenna
Redaktionelle Betreuung: Ed Rosenthal

Impressum

Seth Warner
Magische Pilze – Das Einsteigerbuch

Nachtschatten Verlag AG
Kronengasse 11
CH-4500 Solothurn
info@nachtschatten.ch
www.nachtschatten.ch

Die Originalausgabe dieses Werks wurde 2023 unter dem Titel *Welcome to Psilocybin: An Easy Guide to Growing and Experiencing the Potential of Magic Mushrooms* von Quick American Publishing veröffentlicht.

Der Nachtschatten Verlag wird vom Bundesamt für Kultur mit einem Strukturbeitrag für die Jahre 2021–2025 unterstützt.

Übersetzung: Christine Heidrich, Solothurn
Fachlektorat: Markus Berger, Felsberg
Korrektorat: Jutta Berger, Felsberg
Layout: Tobias Strebel, Zürich
Umschlaggestaltung: Nina Seiler, Zürich
Druck: ScandinavianBook

ISBN: 978-3-03788-664-9

Aus Gründen der besseren Lesbarkeit wird auf die gleichzeitige Verwendung der Sprachformen männlich, weiblich und divers (m/w/d) verzichtet. Sämtliche Personenbezeichnungen gelten gleichermaßen für alle Geschlechter.

Mitwirkende

Der Autor **Seth Warner** unterrichtet im psychedelischen Umfeld der San Francisco Bay Area und ist Verfechter von Gemeinschaften. Er begann 2018 seine Reise als Leiter der San Francisco Psychedelic Society und half 2019 bei der Entkriminalisierung von Psilocybin in der Stadt Oakland. Neben seiner Arbeit mit diesen Organisationen gründete Seth MycoRising, um den Anbau von Psilocybin zuhause zu vermitteln und hat Tausende von neuen Growern in seinen Workshops sowie im Online-Programm Ready? Set. Grow! unterwiesen. Nun ist sein Ziel, ein größeres Publikum zu erreichen und durch Initiativen wie Hikerodose Oakland eine regionale Gemeinschaft aufzubauen.

Dennis McKenna, der Autor des Vorworts, ist Ethnopharmakologe und beschäftigt sich seit mehr als 40 Jahren mit pflanzlichen Psychedelika und anderen Psychoaktiva. Er ist Verfasser zahlreicher wissenschaftlicher Arbeiten und hat zusammen mit seinem Bruder Terence McKenna die beiden Bücher *Psilocybin: Magic Mushroom Grower's Guide* und *The Invisible Landscape: Mind, Hallucinogens, and the I Ching* geschrieben. Er ist Gründungsmitglied des *Heffter Research Institutes*, einer gemeinnützigen Organisation, die sich mit der Erforschung des möglichen therapeutischen Nutzens psychedelischer Arzneimittel befasst.

Ed Rosenthal ist einer der weltweit führenden Experten für den Anbau von Cannabis. Seine Bücher haben sich über zwei Millionen Mal verkauft, und seine jüngste Ausgabe des *Cannabis Grower's Handbook* ist in diesem Bereich revolutionär. Neben der Gartenarbeit engagiert sich Ed aktiv für die Förderung und Entwicklung zivilrechtlicher Regelungen für entheogene Substanzen, die es Erwachsenen ermöglichen, Cannabis und psychedelische Substanzen legal zu konsumieren.

Inhalt

Vorwort

1975 veröffentlichten mein Bruder, Terence McKenna, und ich ein kleines Buch mit dem Titel *Psilocybin: Magic Mushroom Grower's Guide.*

Wir machten uns Sorgen über mögliche rechtliche Konsequenzen der Veröffentlichung eines so kontroversen und offensichtlich gefährlichen Buches, deshalb entschieden wir uns für eine Veröffentlichung unter falschem Namen; ich wählte das Pseudonym O.N. Oeric, während Terence sich für O.T. Oss entschied. Das Buch – eigentlich kaum mehr als ein Pamphlet – wurde von einem revolutionären Verlag in Berkeley publiziert: And/Or Press. Es enthielt detaillierte Anweisungen für den Anbau kleiner Mengen von *Psilocybe-cubensis*-Pilzen in Einmachgläsern auf einem Substrat aus sterilisiertem Roggen. Obwohl die Technik einfach war, erforderte sie doch ein gewisses Maß an Konzentration und die Fähigkeit, eine recht sterile Arbeitsumgebung zu schaffen. Aber jedem mit ein wenig Ausdauer gelang es, ein oder zwei Fehlversuche zu überstehen, um schließlich mehr als genug Pilze für den Eigenbedarf zu produzieren und noch genug übrig zu haben, um sie mit Freunden zu teilen. Einige Leute mit höheren unternehmerischen Zielen bauten *Grow-Ops* (Anm. Übers.: illegale Geschäfte zum Anbau und Verkauf von Pilzen) mit Tausenden von Gläsern auf! Diese Methode ließ sich zwar im großen Maßstab durchführen, war aber arbeitsintensiv, und die meisten Züchter fanden bald bessere Wege, eher im Stil der konventionellen Anbaumethoden von Speisepilzen.

Aber als das Buch veröffentlicht wurde, waren die Anbaumethoden nur einigen wenigen Fanatikern bekannt. Und diese hüteten, vielleicht aus Angst vor Konkurrenz, ihr geheimes Wissen und gaben es nicht so einfach weiter. Terence und ich hingegen hatten eine eher messianische Einstellung und wollten unsere Entdeckungen mit der Welt teilen. So wurde unser kleines Buch eine der ersten Veröffentlichungen, welche die Anbautechniken für Psilocybin-Pilze beschrieb, die jeder einigermaßen begabte Elftklässler leicht beherrschen konnte. Es bestand zweifellos eine ungedeckte Nachfrage, und dieses Buch erfüllte sie. Offensichtlich gab es Heerscharen eifriger Elftklässler und vieler anderer, die so etwas suchten. Die ersten Verkäufe liefen zügig an, und das Buch verkauft sich stetig seit fast 50 Jahren. Es hat drei verschiedene Verlage und mehrere Auflagen durchlaufen, und es wurden weit mehr als 100.000 Exemplare verkauft.

Doch Menschen, die gerne Pilze züchten, sind von Natur aus praktisch veranlagt, sodass es in den letzten Jahrzehnten zahlreiche Innovationen auf diesem Gebiet gegeben hat. Eine der wegweisenden Veröffentlichungen war *The Mushroom Cultivator: A Practical Guide to Growing Mushrooms at Home*, gemeinsam verfasst von Paul Stamets und Jeff Chilton, das 1983 bei Agarikon Press erschien. Fast zwei Jahrzehnte später, im Jahr 2000, veröffentlichte Paul Stamets ein noch umfassenderes Werk, *Growing Gourmet and Medicinal Mushrooms*, diesmal verlegt von Ten Speed Press. Beide Publikationen waren insofern von Bedeutung, als sie Methoden lieferten, die sich für eine Vielzahl von psychedelischen, medizinischen und essbaren Pilzen anwenden ließen. Sie bedeuteten auch eine Abkehr von den in PMMGG vorgestellten arbeitsintensiven Methoden, die eine sterile Arbeitsumgebung erforderten und anfällig waren für die Verunreinigung durch Schimmelpilze und andere unerwünschte Eindringlinge.

Diese neuen Methoden erforderten keine absolute Sterilität und verwendeten kompostierte Substrate aus Pferde- oder Kuhmist und Stroh, auf die Myzel aufgebracht wurde, das auf sterilen Getreidesubstraten wächst. Dies entsprach eher den konventionellen Techniken der Pilzzucht, die in der Industrie seit Jahren weit verbreitet sind. Doch unser kleines Buch hat sich behauptet und ist weiterhin ein praktischer Leitfaden für den Anbau geringer Mengen *Psilocybe cubensis*, der sich leicht an kleine Räume anpassen lässt, wie zum Beispiel eine Abstellkammer oder ein Treppenhaus. Es hat sich als besonders geeignet erwiesen und ist in einigen Fällen – für Studenten, die in beengten Wohnheimen leben – ein wirtschaftlicher Segen.

Nun lässt Seth Warner von *MycoRising* dieses ehrwürdige Vermächtnis erneut aufleben. Sein Werk, das du in deinen Händen hältst, wenn du dieses Vorwort liest, ist eine Art zentraler Anlaufpunkt für angehende Pilzforscher und Psilocybin-Liebhaber. Es enthält eine Menge zusätzlichen Materials, das in den früheren Werken, die sich alle ausschließlich auf den Pilzanbau konzentrierten, nicht zu finden ist. Genau das deckt dieses Buch ab. Es enthält detaillierte Anweisungen, wie man einen Mini-Pilzgarten in einem 5,5-Liter-Behälter anlegt, der leicht in ein Bücherregal passt. Wie PMMGG ist es also auch für diejenigen geeignet, die keinen Platz für einen Großanbau haben; dennoch bietet sich so eine zuverlässige Möglichkeit, mehr Pilze zu produzieren, als eine Person in einem Jahr verbrauchen kann. Das Buch enthält auch eine Anleitung, wie man eine Flüssigkulturbank anlegt, um seine Lieblingssorten aufzubewahren.

Das Buch vermittelt also die Grundlagen zur Kultivierung von Psilocybin-Pilzen. Aber das ist noch nicht alles. Es liefert auch Hintergründe, Abschnitte über die Kultur und die Geschichte der Zauberpilze, einen Überblick zur aktuellen Psilocybin-Forschung und einen Überblick zur aktuellen Rechtslage von Psilocybin und Zauberpilzen.

Das Buch enthält auch eine Anleitung, wie man Psilocybin-Pilze am besten einnimmt. Es deckt die wichtigsten Ansätze ab, wie man eine optimale Umgebung schafft und wie man sich auf eine Psilocybin-Reise vorbereitet, wie man durch die sich öffnenden Dimensionen navigiert und wie man die Botschaften der Pilzlehrer integriert. Außerdem gibt es Abschnitte mit Anleitungen zur Makro- und Mikrodosierung sowie eine Beschreibung der besten Methoden für ein erfolgreiches Mikrodosierungsprogramm. Insgesamt ist dieses Buch ein gutes Nachschlagewerk, das man immer zur Hand haben sollte, vor allem für diejenigen, die neu im Pilzanbau sind oder gerade anfangen, die wundersame Welt des Psilocybins zu erkunden. Auch denjenigen, die bereits Erfahrung mit Psilocybin haben und mit der Kultivierung vertraut sind, wird es von Nutzen sein. Es spiegelt die kollektiven Beiträge von Seth und allen anderen in der Pilzgemeinschaft wider, die Erfahrung mit dem Anbau und der Verwendung von Psilocybin-Pilzen haben. Selbst wenn du ein «alter Hase» bist, wirst du wahrscheinlich noch etwas Neues von diesem Buch lernen.

Dennis McKenna
Abbotsford, British Columbia
Februar 2023

Eine neue Ära ist angebrochen!

Eine neue Ära der Kultivierung von Zauberpilzen ist angebrochen: die dritte Welle einer immer noch recht neuen Methode, die es erst seit Mitte der 1970er Jahre gibt. Die erste Welle, die von Leuten wie Dennis und Terence McKenna angeführt wurde, hatte nur ein oder zwei Bücher zur Verfügung und wesentlich mehr Hürden zu überwinden als wir heute. Die zweite Welle wurde durch die Entwicklung des Internets bestimmt, wo leichter zugängliche Methoden wie Robert McPhersons *PF Tek* («Psilocybe Fanaticus technique») immer mehr Verbreitung fanden und alle Arten von Anbaumethoden in Online-Foren wie Shroomery diskutiert, ausprobiert, scharf kritisiert und verfeinert wurden. Die aktuelle dritte Welle lässt die Anbaugemeinschaft im Internet anwachsen und weitet den Zugang zu Informationen aus. Nun hört man erste Gerüchte über leibhaftige Pilzanbaugruppen, und es gibt eine Fülle von Online-Shops, die zuverlässige, hochwertige und wirkungsvolle Materialien anbieten, die sich wie die Teile eines Puzzles zusammenfügen.

Wenn also alles so einfach geworden ist, warum dann ein Buch schreiben? Dieses Buch ist nicht dazu da, dich zu einem Mykologen zu machen; das wollen wir gleich zu Anfang klarstellen. Das größte Problem bei der Pilzzucht ist die Anzahl der Methoden – es sind derer zu viele, um sie zu zählen. Und wenn man sich im Internet umsieht, kommt einem der Begriff «Kaninchenbau» in den Sinn. Dieses Buch ist nicht dazu da, dich über alle dir offenstehenden Möglichkeiten aufzuklären. Es soll die meisten Möglichkeiten aussondern, um dir eine einfache Methode der Pilzzucht an die Hand zu geben.

Dieses Buch enthält zwar technische Angaben – einfacher, zugänglicher und mit neuen Informationen – aber es geht dabei um etwas viel Umfassenderes als nur um die Bewältigung einer Reihe von Aufgaben. Für den zielgerichteten Züchter, der auf-

merksam und zielgerichtet arbeitet, kann der Anbau von Pilzen zum Auslöser seiner Beziehung zu ihnen werden. Die Erfahrung ist eher mit der Aufnahme eines neuen Haustiers bei sich zuhause vergleichbar, als bloß Blumen oder Tomaten anzubauen. Wenn du Pilze hervorbringst, denke daran, warum du sie entstehen lässt, und sei dir bewusst, dass sie die Macht haben, deinen Geist zu verändern, in manchen Fällen sogar für immer. Dieses beziehungsorientierte Element kann sich als großer Verbündeter erweisen, egal, welches Ziel du verfolgst, sei es einfach nur Spaß zu haben oder eine tiefgreifende Neudefinition deiner Ziele und deines Weges in der Welt vorzunehmen. Du entscheidest.

Die Effekte von Psychedelika sind größtenteils ein psychologisches Phänomen. Das Konzept der Beziehung kann dazu beitragen, ein tieferes Gefühl der Verbundenheit, der Zuneigung und des Respekts für den Pilz zu unterstützen. Viele Neulinge auf ihrer Suche nehmen die Pilze mit einem großen Fragezeichen entgegen, weil sie nicht wissen, was sie bekommen haben, woher die Pilze stammen oder wie stark sie wirken. Sie sind oft gestresst vom Aufwand und von den Risiken, die sie eingegangen sind, um an die Pilze zu kommen. Auch wenn du das kulturelle Tabu dieser Pilzwesen nicht außer Acht lassen kannst und solltest, kannst du mit diesem dunklen Aspekt umgehen, indem du das Licht der bewussten Beziehung in deinem Streben nach Wachstum, Heilung und vielleicht auch Freude einlädst.

Das Vorhaben hinauszuzögern, sich schwer zu tun, es in Gang zu bringen, ist normal, aber du solltest dich nicht genieren und keine Hemmungen haben, dein Ziel zu verfolgen. Dieses Buch wird dich anleiten, Blockaden zu lösen und deinen Weg für jeden Schritt zu ebnen, um die Pilze und dich selbst zu kultivieren.

Jedes in diesem Buch behandelte Thema ist lediglich der Einstieg. Es sind alles einfache Daten. Nichts davon ist das einzig Wahre. Der einzige Ratschlag, der wirklich wichtig ist: Fange klein an, und arbeite dich langsam ein, sowohl beim Anbau als auch bei der Anwendung von Pilzen. Zwei Menschen haben niemals die gleichen Erfahrungen, also geh nicht davon aus, dass alle Informationen in diesem Buch auch für deine eigene Erfahrung zutreffen. Ich gebe nur einen allgemeinen Überblick über die Lage der Dinge, einen Weg zum Kennenlernen, ein hoffentlich herzliches Willkommen.

Es macht offensichtlich Spaß, unser derzeitiges Kulturerlebnis mit Psilocybin und Psychedelika im Großen und Ganzen aufzubauschen und mit Begriffen wie «Magie» und «Medizin» um sich zu werfen. Das lässt alles leicht und positiv erscheinen. Aber vergiss bitte nicht, all die positive Stimmung durch einen Moment der Dankbarkeit und ein Quentchen Wahrheit angesichts der schwierigen Fragen dieser Zeit in der Geschichte der Menschheit auszugleichen. Es gibt viel zu tun, Beziehungen müssen aufgebaut und erneuert werden. Danke, dass du einen Schritt zu mehr Selbsterkenntnis gemacht hast, um neue Sichtweisen zu entdecken und eine bewusste Beziehung zu einem mächtigen Lehrer in Form des bescheidenen Pilzes zu kultivieren.

Wir stehen am Anfang einer neuen Ära, und wir wissen nicht, was auf uns zukommt. Es ist anzunehmen, dass die Beschränkungen für Psilocybin weiter gelockert werden, aber eine strenge Regulierung ist auch eine Chance. Brich bitte auf keinen Fall das Gesetz und verwende die Pilze nicht auf eine Art und Weise, die dich oder andere in Gefahr bringt.

Mit etwas Glück wird die Anbaumethode in diesem Buch auch in den kommenden Jahren von Bedeutung bleiben. Mit viel Glück aber werden neue Fortschritte sowohl in der Anwendung als auch im Anbau von Psilocybin-Pilzen dieses Buch früher oder später überholen. Mittlerweile gibt es auf der Welt noch viel mehr Informationen zu sämtlichen Themen dieses Buches, also mache bitte weiter, lerne, bis du genug hast, lass das Ganze etwas sacken, lerne ein wenig über dich selbst, und stürze dich noch einmal hinein!

Willkommen im Reich des Psilocybins!

Kleine Kulturgeschichte des Psilocybins

Die Praxis des Pilzanbaus hat eine sehr lange Geschichte, und die Historie des Psilocybin-Konsums reicht weit über unsere Möglichkeiten einer Aufzeichnung hinaus. Glücklicherweise ist die Geschichte des Anbaus von psilocybinhaltigen Pilzen in geschlossenen Räumen eher jüngeren Datums. Machen wir einen kurzen Rundgang durch die Geschichte des Psilocybins in der westlichen Kultur.

María Sabina

María Sabina (1894-1985) war eine Mazatek-Curandera (dt.: Heilpriesterin) aus einem kleinen Dorf in Oaxaca in Mexiko, die dafür bekannt wurde, Psilocybin-Pilze, die sie «kleine Heilige» nannte, in Heilungszeremonien zu verwenden. Sabina lebte ein traditionelles Leben auf dem Land in den Mazatek-Bergen, wo sie in eine Familie von Heilern geboren und schon in jungen Jahren mit den Pilzen vertraut gemacht wurde. Als Curandera, die in ihrer Gemeinde und den umliegenden Dörfern respektiert wurde, wendete Sabina viele Heilmethoden an, unter anderem Psilocybin-Pilze, die ihr die Kommunikation mit der spirituellen Welt erleichterten, um die Kranken zu heilen.

Sabinas Leben änderte sich 1955, als sie R. Gordon Wasson begegnete, einem amerikanischen Bankier und Amateur-Mykologen, der als erster Westler an einer Mazatek-Zeremonie mit Psilocybin-Pilzen teilnahm. Er veröffentlichte seinen Bericht gegen Sabinas Willen, verhalf ihr ungewollt zu internationaler Bekanntheit und löste eine verheerende Welle der Aufmerksamkeit und des Tourismus in ihrem kleinen Dorf aus.

In mancherlei Hinsicht ist Sabinas Geschichte tragisch. Sie verlor ihren Mann und ihre beiden Kinder, musste viele Schwierigkeiten im abgelegenen Dorf bewältigen, wurde schließlich aus ihrem eigenen Dorf verbannt und sogar kurzzeitig inhaftiert aufgrund ihrer Rolle bei der von außerhalb kommenden Flut von Menschen, die sehr viel Unruhe mit in das Örtchen brachten.

Trotz der unermesslichen Schwierigkeiten und Schicksalsschläge haben Sabinas beständiger Geist und ihr tiefgreifendes Engagement für die Heilung ein bleibendes Vermächtnis hinterlassen. Ihre Pionierarbeit als mazatekische Curandera brachte das therapeutische Potenzial von Psilocybin-Pilzen ans Licht und veränderte unser Verständnis dieser heiligen Werkzeuge. Sabinas Leben verdeutlicht auch die Notwendigkeit, indigenes Wissen und indigene Traditionen zu achten und zu bewahren und dient als ergreifende Erinnerung an die Weisheit dieser Kulturen.*

«Vor Wasson nahm niemand die Kinder [die heiligen Pilze] zu sich, einfach um Gott zu finden. Sie wurden immer genommen, um die Kranken zu heilen.» — María Sabina

* Christian Rätsch und Roger Liggenstorfer (Hrsg.): Maria Sabina – Botin der heiligen Pilze. Vom traditionellen Schamanentum zur weltweiten Pilzkultur. Solothurn: Nachtschatten Verlag. Neuausgabe 2023. ISBN 978-3-03788-655-7.

Die McKenna-Brüder

Abenteuer am Rande des Unfassbaren.

Etwa 20 Jahre nach der Veröffentlichung des Artikels im Life-Magazin, der María Sabina bekannt machte, reisten Terence und Dennis McKenna in den kolumbianischen Amazonas auf der Suche nach einer anderen indigenen Tradition, einem halluzinogenen Schnupfpulver namens *Yopo*. Nachdem sie die Hoffnung aufgegeben hatten, diese Substanz zu finden, schlug das Team seine Zelte auf und erwachte in einem Feld, das voller *Psilocybe cubensis* war. Schon bald nahmen sie genug Pilze zu sich, um lebhaft über ihre Erfahrungen zu schreiben: *The Invisible Landscape* von Terence und Dennis und *Abenteuer am Rande des Unfassbaren** (engl. *The Brotherhood of the Screaming Abyss)* von Dennis.

Nach seiner Rückkehr in die Vereinigten Staaten von Amerika entwickelte Dennis eine zuverlässige Methode zur Kultivierung von *P. cubensis*, die auch außerhalb des Labors anwendbar war. Es war eine aufregende Umsetzung der jüngsten Neuerungen in der Welt der Mykologie. Bald gaben die Brüder (unter den Pseudonymen Oss und Oeric) einen der ersten und bekanntesten Leitfäden für den Pilzanbau heraus: *Psilocybin: Magic Mushroom Grower's Guide*. Das Buch wird immer noch gedruckt, vor allem um einen wichtigen Teil der Geschichte festzuhalten. Die Brüder leiteten eine neue Ära des demokratisierten Zugangs zu Psilocybin ein, obwohl ihre Methode aufwendig war und eine hohe Anfangsinvestition erforderte.

* Deutsche Ausgabe 2024: Dennis McKenna: Abenteuer am Rande des Unfassbaren Visionen am Amazonas – mein Leben mit Terence McKenna. Solothurn: Nachtschatten Verlag. ISBN 978-3-03788-665-6

Internet-Zeitalter, Professor Fanaticus

Der anfängliche Erfolg des McKenna-Anbauleitfadens förderte das Interesse, den Zugang und das Experimentieren, gerade als sich die Nutzung des Internets zu verbreiten begann. Verschiedene Websites und Message Boards entstanden zum Austausch von Informationen. Kein Beitrag war bemerkenswerter als der des verstorbenen Robert McPherson, alias Psilocybe Fanaticus, der die besten aufkommenden Techniken, die als Teks bezeichnet werden, zusammenführte. Er schuf die simple Anbaumethode *PF Tek*, die die Zugänglichkeit von Psilocybin um ein Vielfaches steigerte. Die Popularität von *PF Tek* nimmt derzeit jedoch ab, da inzwischen etliche, noch einfachere Methoden bekannt werden.

PF Tek verwendet kleine offene Gefäße zur Herstellung einfacher Pilzkuchen, die in einer feuchten Umgebung gedeihen. Foto: L.G. Nicholas

Shroomery und mehr

In den späten 1990er Jahren wurde *shroomery.com* zu einer neuen Heimat für die Online-Pilzkunde und hat seitdem mehr neue Züchter hervorgebracht als jede andere Plattform. Auch wenn die Seite für neue Züchter nicht immer leicht zu durchschauen ist, bietet sie ein Forum für den laufenden Diskurs, eine oft anregende Gemeinschaft für neue Experimente und eine beständige Anlaufstelle für Innovationen. In ihrem Kern ist *shroomery* eine Art kultureller Beschleuniger, ein Katalysator, der den Pilzanbau weiter demokratisiert.

Die Legalisierungs- und Entkriminalisierungsbewegung

Der Umgang mit Psilocybin befindet sich in einer beispiellosen Phase des Umbruchs. So wird derzeit bei steigender Popularität der Zugang zu entsprechenden Pilzorganismen leichter, wie auch das therapeutische Potenzial psilocybinbildender Pilze immer mehr erkannt wird. Allerdings ist es auch heute bei allem Enthusiasmus immer noch durchaus möglich, vor Gericht zu landen, weil du die Heilkräfte der Pilze nutzt.

Fälle, wie der einer Frau aus Indiana, die wegen des Anbaus von Pilzen und wegen Microdosings zehn Jahre ins Gefängnis musste und das Sorgerecht für ihre Kinder verlor, sind keineswegs alltäglich, aber es ist wichtig zu bedenken, dass sowas heute nach wie vor passieren kann. Vor nicht allzu langer Zeit war die Grenze noch klarer: Pilze und Psilocybin waren illegal. Doch heute verabschieden immer mehr Staaten, Bundesländer und Städte Gesetze zur Entkriminalisierung oder gar Legalisierung von Psilocybin, sodass sich die Menschen mancherorts mittlerweile fragen müssen, was jetzt eigentlich legal ist oder geduldet wird – und was eben nicht.

Heute bietet die Gesetzeslandschaft zunehmend mehr Schlupfwinkel, auch die Medien lassen die psychedelische Bewegung plötzlich in einem strahlend weißen, geradezu heilenden Licht erscheinen. Millionen von Menschen auf der ganzen Welt suchen mithilfe von Psychedelika und speziell Psilocybin nach zuverlässigen und schnellen Lösungen für eine Vielzahl psychischer und physischer Probleme. Leider ist die Geschwindigkeit dieses Wandels nicht reguliert; wir haben es zurzeit mit einer Vielzahl an Grauzonen zu tun, die durch die sich ändernden Gesetze und Parameter der Gesellschaft entstehen oder entstanden sind.

Sei also vorsichtig und halte dich an die in deiner Region gültigen Gesetze. Begehe nicht denselben Fehler, den allzu begeisterte neue psychedelische Forscher an den Tag legen, weil sie das Gefühl haben, es sei ihre Aufgabe, ihre eigenen Erfahrungen an andere weiterzugeben und am besten die Welt oder zumindest einen Freund oder ein Familienmitglied zu retten, auf welche Art auch immer. Neulinge sind gut beraten, die Zeit dieser «Pilz-Flitterwochen» verstreichen zu lassen und sich zu vergewissern, dass sie mit beiden Beinen fest im Leben stehen, bevor sie das Pilz-Evangelium predigen. Es ist keine Seltenheit, dass man jemanden kennenlernt, der sich in die Nesseln gesetzt hat, weil er dem Impetus nicht widerstehen konnte, die Öffentlichkeit leidenschaftlich und meist unbedarft über sein neues Hobby zu unterrichten.

Gesetzesentwürfe und Maßnahmen zur Entkriminalisierung von Psilocybin

Im März 2019 stimmten die Wähler in Denver für die *Psilocybin Mushroom Initiative* (Verordnung 301), die den Anstoß für die aktivistische Bewegung zur Entkriminalisierung des Psilocybins gab. Die Wähler in Denver hatten bereits einige Jahre zuvor die Entkriminalisierung von Cannabis beschlossen. Schon bald darauf verabschiedete der Stadtrat von Oakland, Kalifornien, eine Regelung, die den Anbau, das Aufsammeln und die Weitergabe natürlich vorkommender psychedelischer Substanzen innerhalb der Stadtgrenzen von Oakland quasi erlaubt. Die Verordnung von Oakland wird nur von der örtlichen Polizei geregelt, nicht aber von anderen Strafverfolgungsbehörden im selben Zuständigkeitsbereich, wie der California Highway Patrol und der Polizei des Bay Area Rapid Transit (BART). Die Tragweite der Verordnung wurde noch nicht evaluiert. Allerdings werden dort Pilzshops ohne Lizenz betrieben, ohne dass der Gesetzgeber eingreift. Insgesamt scheint es recht selten zu sein, dass Personen, die Pilze für den Eigenbedarf anbauen und für den persönlichen Gebrauch verwenden, Probleme mit dem Gesetz bekommen.

Entkriminalisierung ist eigentlich Zurückstufung

Die gesetzliche Initiative von Oakland und viele ähnliche Initiativen entkriminalisieren Psilocybin nicht wirklich. Stattdessen werden damit die zuständigen Polizeibehörden angewiesen, keine städtischen Mittel für Ermittlungen, Verhaftungen oder Strafverfolgungen im Zusammenhang mit dem Anbau, Sammeln und der Weitergabe natürlich vorkommender psychedelischer Substanzen einzusetzen. Das ist natürlich nicht so vorteilhaft, wie es eine Entkriminalisierung wäre. Doch hoffentlich werden diese kleinen Schritte die nächste Welle von Initiativen und Gesetzen in Gang setzen, die unsere persönlichen Freiräume und unsere kognitive Freiheit weiter stärken.

Die neue Gesetzgebung zu Psilocybin ist von Stadt zu Stadt und auch von Staat zu Staat verschieden. Einige US-Initiativen, wie zum Beispiel die Entkriminalisierung von Pilzen in Oregon, sehen bei nur sehr geringen Mengen von Strafverfolgung ab, sodass ein Anbau niemals legitimiert wäre; man darf also nur eine sehr geringe Menge an Pilzen in der Natur aufsammeln, um nicht gegen das Gesetz zu verstoßen. Achte daher genau auf die jeweils regionalen Gesetze.

Im deutschsprachigen Raum ist das Aufsammeln, Besitzen, Weitergeben, zum Teil sogar der Konsum (Schweiz) von psilocybinhaltigen Organismen nach wie vor vollständig illegalisiert.

Die weltweite Verbreitung von Psilocybin-Pilzen

Foto: L.G. Nicholas

Wichtig zu wissen: Zauberpilz ist nicht gleich Zauberpilz. Psilocybin kommt in einer Vielzahl von Pilzen vor. Die am meisten verbreitete Art unter Züchtern und Konsumenten ist *Psilocybe cubensis*; allerdings umfasst die Gattung *Psilocybe* deutlich mehr als 200 Arten (von denen längst nicht alle Psilocybin bzw. Psilocin produzieren). Abgesehen von dieser Gattung gibt es mehr als 100 weitere Arten, die alle einen gewissen Gehalt an Psilocybin aufweisen. Nur weil eine Art Psilocybin enthält, bedeutet das nicht, dass sie ein praktikables Psychedelikum ist. Die meisten dieser Arten werden normalerweise nicht verwendet: Viele kommen nur wild vor, einige sind selten, die meisten lassen sich nicht leicht anbauen, andere sind nicht besonders potent, und einige sind so winzig, dass es sehr lange dauern würde, genug davon zu sammeln.

Psilocybinhaltige Pilze kommen auf der ganzen Welt vor, aber, wie die Pilze insgesamt, sind sie aufgrund ihrer flüchtigen Natur nicht sonderlich gut erforscht. Erst in jüngster Zeit wird dem Reich der Pilze die Aufmerksamkeit zuteil, die es verdient. Regelmäßig werden neue Arten psilocybinhaltiger Pilze entdeckt, und die Pilzzüchter stoßen an die Grenzen dessen, was zuhause angebaut werden kann. Auch wenn dieses Buch einen eher engen Fokus bedient, so steckt doch weit mehr hinter diesem Hobby (oder dieser Besessenheit), als man als einsteigender Gelegenheitszüchter vermuten würde.

Schwerpunkt *Psilocybe cubensis*

Psilocybe cubensis wächst sehr gut auf Kuhfladen und auf dem Dung einer Reihe anderer Weidetiere. Daher kommt die Art in heißen, feuchten Gegenden mit Weidetieren recht häufig vor. Nordkalifornien, wo ich wohne, ist etwas zu trocken für diese Art, aber in südlicheren Bundesstaaten und in weiten Teilen Floridas haben Landwirte schon lange ihren Ärger mit Jugendlichen, die sich auf ihren Milch- oder Rinderfarmen herumtreiben, um Pilze zu suchen.

Außerhalb des Bauernhofs ist *P. cubensis* der mit Abstand am häufigsten angebaute Zauberpilz. Wahrscheinlich handelt es sich bei 90 bis 99 Prozent aller zuhause angebauten Pilze um *P. cubensis*. Es gibt zwei hauptsächliche Gründe dafür, dass diese Art so häufig angebaut wird. Erstens: Der Pilz ist unglaublich einfach zu züchten. Zweitens: Er wird seit langem verwendet und war wahrscheinlich der erste psychedelische Pilz, der jemals in Innenräumen angebaut wurde. Seitdem sind viele Kulturformen von *P. cubensis* gezüchtet worden.

Anfangs wurden die meisten Pilze in der ganzen Welt gesammelt und erhielten die Namen ihrer Herkunftsländer, wie Thai, Burma, Ecuador und Amazonas. Genau wie beim Cannabis wurden diese Landrassen oder ursprünglichen Arten vermehrt, indem die Züchter sie auswählten, verfeinerten und neu definierten. In ähnlicher Weise stammt das gesamte Cannabis von einer einzigen Art, *Cannabis sativa*, aus der eine riesige Vielfalt von Sorten mit vielen verschiedenen Erscheinungsbildern und Wirkprofilen gezüchtet wurde. Während die analytische Forschung zu Cannabis inzwischen schon recht weit fortgeschritten ist, steht die Beschreibung der zahlreichen Wirkstoffe in Pilzen und ihrer

Auswirkungen auf die Wahrnehmung noch ganz am Anfang.

In der Welt der *P.-cubensis*-Anbauer gibt es ein Sprichwort: «Ein Cubensis ist ein Cubensis» – das bedeutet, ohne die Erfahrung und das Urteilsvermögen eines echten Kenners liegt der Hauptunterschied zwischen einem Cubensis-Pilz und einem anderen in der Wirksamkeit. Doch die Dinge ändern sich, und die Labortests beginnen allmählich, eine umfassendere Geschichte zu erzählen. Die einfache Erkenntnis ist, dass es zwar Unterschiede zwischen den einzelnen Sorten gibt, dass es aber letztlich die Kombination aus dem Pilz und deiner einzigartigen Physiologie und Psychologie ist, die das jeweilige Erlebnis bestimmt. Erwarte also nicht, dass deine Erfahrung die gleiche ist wie die einer anderen Person. Abgesehen von *Psilocybe cubensis* gibt es zum Teil sehr deutliche Unterschiede von einer Art zur anderen. Von *Psilocybe zapotecorum* wird manchmal berichtet, dass er einen ausgedehnten DMT-ähnlichen Trip herbeiführen kann, und *Psilocybe azurescens* ist bei manchen Anwendern für seine lähmende Wirkung auf den Körper bekannt. Die meisten dieser exotischen Arten dürften für den Durchschnittsverbraucher noch lange Zeit unerreichbar bleiben.

Heute gibt es Hunderte, vielleicht Tausende von *P.-cubensis*-Strains. So wie es standortabhängige Sorten gibt, geht auch eine große Vielfalt an Namen und Bezeichnungen auf Züchter zurück, die ganz bewusst nach bestimmten Merkmalen wie Wirksamkeit, Farbe, Größe und ernteabhängiger Konsistenz auswählen. Oft hat der Name wenig mit der tatsächlichen Ausprägung der Genetik zu tun, aber nicht immer.

Standard-Sorten: Golden Teacher, B+, AA+, Amazonian, Cambodian, Mazatapec

Wenn es darum geht, die richtige Sorte zu finden, gibt es eine viel längere Liste von möglichen Strains, mit denen man beginnen kann – aber die hier aufgeführten Namen füllen die Nische der besten Pilze für Einsteiger. Diese Sorten sind zu Standards in der Gemeinschaft geworden, weil sie schon lange auf dem Markt sind und unter verschiedenen Bedingungen zuverlässige Ernteerträge produzieren.

Es gibt zwar Unterschiede in der Art, wie diese Pilze wachsen, aber alle aufgeführten Sorten sind eine gute Wahl für deine ersten Erfahrungen. Die meisten Pilzzuchtneulinge beginnen mit einer der gebräuchlichsten Anfänger-Sorten, du kannst aber aus einer größeren Auswahl auswählen, je nachdem, was für dich ansprechend klingt, aussieht und sich gut anfühlt. Lies dir einfach die Beschreibungen durch und vergewissere dich, dass deine erste Wahl nicht zu exotisch ist. Es werden immer mehr eigenartige Sorten gezüchtet, die eine sehr hohe Wirksamkeit haben oder andere Mutationen aufweisen, die sich auf die Wachstumsgewohnheiten und die Einfachheit des Anbaus auswirken.

Potente Mutanten: Penis Envy, Enigma

Einige Sorten wurden aufgrund einzigartiger Eigenschaften oder interessanter Mutationen gezüchtet. Eine der ersten mutierten Sorten ist *Penis Envy* (dt.: Penisneid) und eine Gruppe ähnlicher Strains, die in der Regel eine überdurchschnittliche Wirksamkeit aufweisen, aber länger zur Reifung brauchen und meist kleinere Ernteerträge einbringen. Ein Strain namens *Enigma* sieht eher aus wie eine Koralle als ein gewöhnlicher Pilz und zeitigt meistens einen geringen Ertrag, kann aber sehr potent sein. Mutanten sind nicht unbedingt schwieriger anzubauen, obwohl auch dies durchaus sein kann, jedoch erfordern sie mehr Geduld und ihre Wirkung kann sehr stark sein. Denke daran, dass potenter nicht gleich besser ist. Viele Menschen meiden diese Sorten absichtlich aufgrund der intensiven und herausfordernden Erfahrungen, die sie wahrscheinlich hervorrufen werden.

Psychedelika und Sicherheit

Wie sich Pilze anfühlen

In den Medien finden sich zahlreiche Schilderungen darüber, wie es ist, Psilocybin einzunehmen. Trotz der vielen künstlerischen und geistreichen Ansätze, eine individuelle Erfahrung zu beschreiben, müssen alle Beschreibungen letztlich immer hinter dem Erlebnis selbst zurückbleiben. Vor allem aber liefern dir die Tripberichte, die du liest, wahrscheinlich keine Erhellung über die Erfahrung, die du selbst machen wirst. Obwohl man die Erfahrungsinhalte und -dimensionen nicht nachvollziehen kann, bevor man sie selbst erlebt hat, beschreibt Folgendes es vielleicht in eine allgemeinen Weise, sodass nicht zu viele Erwartungen geweckt werden.

Die Psilocybin-Erfahrung wird gemeinhin als visuelles Phänomen dargestellt, doch in Wirklichkeit erstreckt sich das Erleben in subtiler und nicht-subtiler Weise auf alle Sinne. Für die meisten Nutzer besteht die hauptsächliche Wirkung am Anfang in einer Intensivierung der Gefühle, und zwar mehr auf der emotionalen als auf der körperlichen Ebene. Die Erfahrungen sind in der Regel potenziell von vielfältiger Natur. Stelle dir vor, dass alle fünf oder vielleicht sechs Sinne mit einem zentralen Bedienfeld verbunden sind, versehen mit einem einzigen Knopf, der mit «Feinfühligkeit» gekennzeichnet ist. Die Verwendung von Psilocybin und anderen Psychedelika lässt sich eigentlich zuverlässig als ein Hochdrehen dieses Knopfes und eine Steigerung der allgemeinen Feinfühligkeit verstehen. Die Höhe der Dosis und die Sorgfalt bei der Vorbereitung haben letztendlich viel damit zu tun, wie weit sich der Knopf hochdrehen lässt. Es ist zu hoffen, dass diese kurze Veranschaulichung den Rahmen für die vielleicht treffendste Verallgemeinerung von Psychedelika generell liefert: sie sind unspezifische Verstärker, also Katalysatoren.

Durch diese erhöhte Feinfühligkeit kannst du durch die Mauern und Verteidigungsmechanismen sehen, die dich vor der rauen Energie der Außenwelt und vor deinen inneren Kritikern schützen. Diese Sicht bringt die Möglichkeit mit sich, ein erhöhtes Bewusstsein für sich selbst zu entwickeln; sie bietet aber auch die Möglichkeit, den Schwanz einzuziehen und zu versuchen wegzulaufen. Ebenso kann sie die gefühlte Erfahrung von Liebe, Freude und Ganzheit verstärken, doch letztlich ist es die Kombination aus dem, was in deinem eigenen Bewusstsein und deiner Umgebung vorhanden ist, was dann nach der Einnahme von Psilocybin zur Verstärkung serviert wird.

Das sogenannte Selbst kann durchaus mit einer Antenne verglichen werden, die ständig eine ungeheure Menge an Informationen aus der inneren und äußeren Welt empfängt. Es wurde behauptet, dass die größte Funktion des Gehirns die eines Filters und nicht die eines Generators sei. Letztlich würde unsere Spezies nicht überleben können, wenn sie durch die ständige Flut von Sinnesdaten erdrückt würde. Psilocybin kann die Wahrnehmung unterstützen, über den grundlegenden Überlebensmodus hinauszugehen, da es den Filter vorübergehend öffnet und eine größere Bandbreite an Sinneserfahrungen und damit die Entwicklung neuer Erkenntnisse zulässt. Durch den Prozess der Integration können neue Sinneserfahrungen und Bewusstheit im Selbst verankert werden und eine ganze Reihe von Vorteilen mit sich bringen, wie zum Beispiel erhöhte emotionale Intelligenz, bessere Stressbewältigung, stärkere Ausrichtung auf Ziele und Werte, vereinfachte Kommunikation, vertiefte Beziehungen und Selbstakzeptanz.

Bei vielen von uns sind die Antennen sozusagen im Standby-Modus, um für die Hektik des modernen Alltags zu funktionieren, und eine psychedelische Erhöhung der Intensität bzw. vor allem Sensivität sollte nicht auf die leichte Schulter genommen werden. Es ist nicht leicht zu lernen, sich in einem Zustand erhöhter Feinfühligkeit zurechtzufinden, geschweige denn, einen solchen zu meistern. Eine zunehmende Beherrschung dieser Fähigkeit sollte jedoch im Allgemeinen durch die grundlegende Fähigkeit der erhöhten Selbstwahrnehmung zu einer besseren Selbstkontrolle führen. Die Psilocybin-Erfahrung ist nur vorübergehend und verblasst wie ein Traum, es sei denn, man findet einen Weg, die Erkenntnisse und Erinnerungen festzuhalten und sie in das tägliche Leben zu integrieren. Die mit der Wirkung einhergehenden Pseudohalluzinationen können viele Formen annehmen, von leuchtenden Spuren bei offenen Augen bis hin zu Bildern mit geschlossenen Augen, die dein Bewusstsein in ein formloses Hologramm aus intelligentem Licht und vibrierenden fraktalen Mustern und noch viel mehr einsinken lassen. Viele Dinge sind möglich, aber nur wenige sind repräsentativ; Vielfalt ist die Norm.

Die folgenden Abschnitte sollen Klarheit über die wesentlichen Sicherheitsaspekte schaffen und die Vielfalt der Faktoren, die eine Reise beeinflussen, zusammenfassen. Am Ende geht es darum, wie du diese Faktoren bewusst nutzen kannst, um das Erlebnis deiner Wahl zu gestalten.

Ungefährlichkeit von Pilzen

Sind Pilze ungefährlich? Diese Frage ist ebenso sinnfrei wie die Frage «Sind Messer ungefährlich?» Messer können gefahrlos verwendet werden, sie können aber auch gefährlich sein, auf jeden Fall sind sie sehr nützlich; es kommt darauf an, ob, wann und wie sie eingesetzt werden. Doch was ist mit Pilzen – soll man sie verwenden? Und wenn ja, wie nutzt man sie möglichst risikoarm?

Solltest du Pilze verwenden? Oder lieber nicht?

Manche Menschen sollten keine bewusstseinsverändernden Substanzen einnehmen, egal welcher Art, das gilt natürlich auch für Psilocybin. Wenn bei dir oder in deiner Familie Schizophrenie, eine Borderline-Persönlichkeitsstörung oder andere schwere psychiatrische Erkrankungen festgestellt wurden, dann solltest du die Finger von Psilocybin lassen. Etwa fünf bis zehn Prozent der Bevölkerung fallen in diese Kategorie, und obwohl viele Menschen keine lebenslangen Erkrankungen haben, über die man sich Sorgen machen müsste, kann fast jeder in starken Stress und existenzielle Krisen geraten. Psilocybin mag zwar eine verlockende Möglichkeit bieten, solche herausfordernden Situationen zu überwinden, doch es ist genauso wahrscheinlich, dass die Probleme sich verschlimmern und den Anwender in noch größere Verwirrung stürzt; daher sei zur Vorsicht geraten. Ein Ausflug in die Welt des Psilocybins sollte am besten auf einer stabilen Grundlage erfolgen. Wenn sich dein Halt in der Realität schon ein wenig wackelig anfühlt, ist es am besten, wenn du dich erstmal um eine solide Haushaltsführung kümmerst, bevor du dich weiter ins Unbekannte wagst.

Eine schwere Herzerkrankung ist ein weiterer triftiger Grund, Psilocybin zu meiden, da es zu ausgeprägten «Highs» kommen kann, die den Blutdruck in die Höhe treiben. Wenn nichts von alldem auf dich zutrifft und du neugierig bist (schließlich liest du dieses Buch), dann kannst nur du allein entscheiden, ob und wann du bereit bist, Pilze zu konsumieren.

Was ist mit Drogenkombinationen?

Forscher-Neulingen wird geraten, Psilocybin nicht zusammen mit anderen bewusstseinsverändernden Substanzen wie Cannabis oder anderen Psychedelika zu verwenden, da sie oft eine verstärkende Wirkung haben, die schwer vorhersagbar sein kann. Für diejenigen mit etwas Erfahrung können diese Kombinationen ein geeignetes Feld für behutsame Experimente sein.

Pharmazeutische Substanzen in Kombination mit Psilocybin können eine Reihe von Auswirkungen haben; die meisten Informationen stammen aus Berichten von Nutzern, da es bisher so gut wie keine entsprechenden wissenschaftlichen Untersuchungen gibt. Solchen vereinzelten Berichten zufolge gehören Lithium und Tramadol zu den wenigen Arzneimitteln, die in

Verbindung mit Psilocybin gesundheitsschädliche Reaktionen, wie zum Beispiel Krampfanfälle, hervorgerufen haben. Es ist keine gute Idee, Psilocybin mit einem neu verschriebenen Medikament zu kombinieren; lasse dir genügend Zeit, um zu sehen, wie du auf das Medikament reagierst. Der Platz reicht hier nicht aus, um auf jede Medikamentenkombination einzugehen, stelle also deine eigenen Recherchen an.

Ein lang gehegter Irrglaube besagt, dass die Verwendung von Psilocybin während der Einnahme von Antidepressiva (SSR-Hemmer, SNR-Hemmer und MAO-Hemmer) ein Serotonin-Syndrom verursachen kann, das heißt, dass der Neurotransmitter Serotonin im Übermaß ausgeschüttet wird, in bestimmten Fällen mit möglicherweise schwerwiegenden Auswirkungen. Fälle eines Serotonin-Syndroms, die auf die Einnahme von Psilocybin und pharmazeutischen Medikamenten zurückzuführen sind, kommen äußerst selten vor. Dennoch ist das Risiko des Serotonin-Syndroms formal gesehen erhöht, und die zusätzliche Einnahme von MAO-Hemmern auf pflanzlicher Basis, wie zum Beispiel der syrischen Weinraute *Peganum harmala* und der Ayahuasca-Ranke *Banisteriopsis caapi*, sollte vermieden werden. Berichten zufolge stellt die Kombination von Psilocybin und Antidepressiva keine Gefahr dar.

Auch eine Studie, die sich mit der Kombination von Psilocybin und Escitalopram befasste, kam zu dem Schluss, dass eine Vorbehandlung mit Escitalopram keine relevante Wirkung auf die positiven Stimmungseffekte von Psilocybin hatte, jedoch signifikant die schlechten Drogeneffekte verringerte, also Angstzustände, unerwünschte kardiovaskuläre Wirkungen und andere unerwünschte Wirkungen von Psilocybin im Vergleich zur Vorbehandlung mit Placebo. Escitalopram hat die Pharmakokinetik von Psilocin nicht verändert[1].

Anm. 1 —— Becker, A.M., Holze, F., Grandinetti, T., Klaiber, A., Toedtli, V.E., Kolaczynska, K.E., Duthaler, U., Varghese, N., Eckert, A., Grünblatt, E. and Liechti, M.E. (2021), Acute Effects of Psilocybin After Escitalopram or Placebo Pretreatment in a Randomized, Double-Blind, Placebo-Controlled, Crossover Study in Healthy Subjects. Clin Pharmacol Ther. https://doi.org/10.1002/cpt.2487

Eine glaubhaft klingende Folge von anderen Antidepressiva in Kombination mit Psilocybin ist die einer allgemeinen Abschwächung der Wirkung. Das könnte zum Beispiel bedeuten, dass die Pilze vielleicht nur noch halb so stark wirken. Es besteht die Möglichkeit, mehr Psilocybin zu verwenden, die Einnahme von Antidepressiva über einen längeren Zeitraum vor der Einnahme von Psilocybin langsam zu reduzieren oder eine Kombination der beiden Strategien zu verfolgen. Wer diese Entscheidung allein trifft, sollte dies vorsichtig angehen und sich in kleinen Schritten vorwagen. Informiere dich über Begriffe wie «ausklingen lassen», «entwöhnen» und «absetzen» von Antidepressiva, auch wenn du nicht vor hast, das Medikament vollständig abzusetzen. Es ist besser, die Entscheidung gemeinsam mit dem behandelnden Arzt bzw. Therapeuten zu treffen. Denke daran, dass eine abgeschwächte Wirkung zwar die Regel sein kann, diese aber nicht unbedingt vorhersehbar oder verlässlich ist, sodass es ratsam ist, zunächst mit der Standarddosierung zu beginnen, bevor du versuchst, die erwarteten Unterschiede auszugleichen.

Ein typischer Therapieablauf

- **Der Teilnehmer beginnt eine Reihe von Psilocybin-unterstützten Therapiesitzungen in Anwesenheit von einem oder zwei Therapeuten. Normalerweise finden mindestens drei Sitzungen statt, in denen es um den Aufbau von Vertrauen, die Festlegung von Zielen, die Besprechung von Erwartungen und die Vorbereitung auf die Psilocybin-Erfahrung geht.**
- **Die Psilocybin-Sitzung findet in einem angenehmen Raum mit gemütlichem Mobiliar statt, in dem ein oder zwei Therapeuten anwesend sind. Der Patient wird dazu angehalten, eine bequeme Sitz- oder Liegeposition einzunehmen und eine Augenbinde aufzusetzen, um alle visuellen Reize auszublenden und eine Reise nach innen zu fördern.**
- **Anstatt Pilzen wird dem Patienten synthetisches Psilocybin verabreicht, das in einem Labor hergestellt wurde. Zu Beginn der Sitzung wird eine Dosis zwischen 10 und 35 Milligramm verabreicht. Diese Menge an hergestelltem Psilocybin entspricht 1 bis 5 Gramm psilocybinhaltigen Pilzen. Während der Sitzung wird der Patient normalerweise allein gelassen, doch bei Bedarf steht Unterstützung zur Verfügung.**

- **Falls erforderlich, unterstützen die Kliniker den Patienten, ihn wieder in seine innere Erfahrung zurückzubringen, indem sie ein Gefühl der Neugier auf das, was geschieht, hervorrufen. Die Absicht ist, therapeutisch neutral zu bleiben, also nicht lenkend einzugreifen.**
- **Die Wirkung der Dosis hält vier bis sechs Stunden an, während die gesamte Sitzung im Allgemeinen etwa acht Stunden dauert.**
- **Nach der Sitzung beginnt der Integrationsprozess mit einer weiteren Gesprächstherapie, um das Erlebte zu verarbeiten.**
- **In den Tagen und Wochen nach der Sitzung sind zwei oder drei weitere Integrationssitzungen üblich. Diese Sitzungen konzentrieren sich in der Regel auf Sinnfindung in der Psilocybin-Erfahrung.**

Psilocybin-gestützte Therapie

Ein Großteil der derzeitigen Begeisterung über die Vorzüge von Psilocybin hat mit der psychedelisch unterstützten Psychotherapie zu tun, bei der streng geregelte Abläufe in einem medizinischen Umfeld einen bestimmten therapeutischen Effekt erzielen (sollen). Die Menschen mögen von den unglaublichen Ergebnissen dieser Studien hören und sich denken: «Ich sollte auch mal Pilze nehmen, obwohl ich keinen therapeutischen Bedarf habe». Pilze werden ihm Rahmen einer Therapie als Medikamente verwendet, doch darf man nicht vergessen, dass die private Einnahme ohne medizinische Begleitung eine andere Sache ist. Dieses Buch kann dich hoffentlich unterstützen, eine transformative Erfahrung zu haben, die dem therapeutischen Ansatz nahekommt. Es soll dir eine Stütze sein, deine eigene quasitherapeutische Praxis zu entwickeln und das Beste aus deiner Reise zu machen.

Unterstützung finden

Du kannst deine Reise allein antreten, aber bedenke, dass eine ungestörte Zeit ganz allein für den einen heilsam, für den anderen jedoch beängstigend sein kann. Vielleicht ist die Grenze deiner Komfortzone genau der Ort, der deinem persönlichen Wachstum gut tut, doch wenn dich das zurückhält, gibt es Möglichkeiten der Unterstützung. Auch wenn die Unterstützung vielleicht eher für die Makrodosierung wichtig ist, so ist es doch gut zu wissen, welche Möglichkeiten bestehen, wenn man sich in diese neue Welt der Erfahrungen begibt.

Kostenlose Angebote
Jetzt, wo die psychedelische Kultur in den Mainstream zurückkommt, wachsen auch die Hilfsangebote für Anwender. Hier sind einige der hilfreichsten Anlaufstellen.

Hotlines
Im Falle eines Notfallgeschehens oder allgemeiner Fragen zum (auch problematischen) Konsum von psychoaktiven Substanzen, haben einige Organisationen im Raum Deutschland/Österreich/Schweiz Hotlines und Beratungsstellen eingerichtet, die von Gebrauchern konsultiert werden können. Hier einige der wichtigsten Adressen.

Schweiz

DIZ Drogen-Informationszentrum, Langstrasse 14, 8004 Zürich.
Beratungshotline: www.safezone.ch/de/saferparty
Internet: www.saferparty.ch

Deutschland

Drug Scouts, Demmeringstraße 32, 04177 Leipzig.
Drogentelefon: Information und Beratung zum Konsum von legalen und illegalisierten Drogen. Dienstag 9–13 Uhr und Donnerstag 15–19 Uhr, Telefon: (+49341) 211 22 10.
Internet: drugscouts.de.

Sonic e.V. - Safer Nightlife Bundesverband,
Dachverband für Drogenberatungs- und Präventionsprojekte,
c/o Harrach, Lobeckstr.64, 10969 Berlin.
Internet: sonics-netzwerk.net

Drogerie Projekt - Drogenaufklärung und Beratung. Löberstraße 37, 99096 Erfurt. Telefonische Beratung: (+49361) 602 08 66. Internet: drogerie-projekt.de/beratung.html

Österreich

checkit! Wien. Suchthilfe Wien GmbH, Gumpendorfer Straße 8, 1060 Wien. Telefon: (+431) 4000 53650. Internet: checkit.wien/beratung

Gemeinschaftliche Organisationen
Überall auf der Welt gibt es ein (myzelartiges) Netzwerk von Organisationen, die sich der Aufgabe verschrieben haben, eine ansonsten uneinheitliche Gruppe von Suchenden, Forschern und Heilern zusammenzubringen. Viele Organisationen werden als «psychedelische Gesellschaften» oder «Clubs» beworben. Die Global Psychedelic Society (globalpsychedelicsociety.org) ist eine gute Anlaufstelle für die Suche nach einer entsprechenden Gruppe. Viele bieten halbjährliche Treffen und/oder Integrationskreise an.

Beisitzer

Ein Beisitzer ist in der Regel ein Gleichgesinnter, der dich während deiner Reise begleitet und Unterstützung leistet. Das ist eine gute Lösung, wenn du einen Tripsitter und vielleicht jemanden brauchst, mit dem du deine Reise im Anschluss aufarbeiten kannst. Im Allgemeinen sollte ein Beisitzer nicht mehr tun, als anwesend zu sein und zuzuhören, dich bei einfachen Aufgaben wie dem Gang zur Toilette zu unterstützen und sich Notizen zu machen, um so die spätere Verarbeitung zu ermöglichen. Ein Beisitzer braucht keine spezielle Ausbildung, aber es ist am besten, eine Person auszuwählen, die ein hohes Maß an emotionalem Verständnis mitbringt, dich respektiert und bereit ist, deinen Prozess laufen zu lassen, ohne ihn zu beurteilen. Einfach ausgedrückt: Ein guter Beisitzer ist ein guter Zuhörer.

Reiseleiter

Ein Reiseleiter ist eine Fachperson, die ähnliche Arbeit wie ein Beisitzer leisten kann, darüber hinaus aber mehr Rückmeldung gibt oder Hilfestellung bietet und bestimmte Themen anspricht, wenn der richtige Zeitpunkt gekommen ist. Ein Reiseleiter sollte in der Vorbereitungs- und Integrationsphase der Erfahrung mit dir zusammenarbeiten. Hier folgen wichtige Eigenschaften, auf die du bei der Auswahl eines Reiseleiters achten solltest.

Wird ein Aufnahmeformular verlangt? Das Aufnahmeformular sollte ausführliche Angaben zu deinem medizinischen und lebensgeschichtlichen Hintergrund enthalten und sowohl dem Reiseleiter Möglichkeiten aufzeigen, wie er dir helfen kann, als auch eine vollständige Bestandsaufnahme dessen liefern, was du auf die Reise mitbringst. Es kann ein oder zwei Stunden dauern, das Formular auszufüllen.

Stehen die Vorbereitung und die Integration im Vordergrund? Die Vorbereitungsarbeit dauert normalerweise mindestens zwei Stunden und umfasst sowohl das gegenseitige Kennenlernen als auch das Festlegen der Absichten für die Reise. Die Integration sollte ebenfalls einen hohen Stellenwert haben, damit du in den Tagen und Wochen nach der Sitzung wieder Fuß fassen und deine Erfahrung möglichst gut nutzen kannst. Wird der Integration keine Bedeutung beigemessen, ist das ein Warnhinweis. (Siehe Integration im Abschnitt *Makrodosierung*.)

Ist der Reiseleiter bereit, dich an andere zu verweisen? Die Fähigkeit und der Wunsch eines Reiseleiters, dir zu helfen, das Richtige zu finden, ist ein gutes Zeichen dafür, dass es ihm mehr um deine Heilung als um seine eigenen Geschäftsinteressen oder Egostrukturen geht. Es ist auch ein Zeichen dafür, dass er mit einer Gemeinschaft von Reiseleitern verbunden ist, was die Wahrscheinlichkeit erhöht, dass er verantwortlich handeln und seine Seriosität bewahren wird.

Welche Haltung hat der Reiseleiter zum Körperkontakt und zum Einverständnis damit im psychedelischen Umfeld? Wenn es um Körperkontakt geht, können die Dinge heikel werden; verschüttete oder latent vorhandene Seeleninhalte können unerwartet auftauchen und unterdrückte Triebe sich in Forderungen äußern. Wenn die Grenzen unklar gezogen sind, kann etwas normalerweise Unerwünschtes in Erscheinung treten, das du bereuen wirst, wenn du wieder nüchtern bist. Die Hand halten und ähnliche beruhigende Berührungen sind in der Regel erlaubt, wenn du darum bittest. Sei dir einfach dieser Möglichkeiten bewusst, sodass du gewiss sein kannst, dass der für dich gehaltene Raum wirklich sicher ist.

Ist der Reiseleiter gegenüber einer größeren Gemeinschaft von Fachleuten verantwortlich? Die meisten Reiseleiter, wenn auch nicht alle, haben an einem oder mehreren Ausbildungsprogrammen teilgenommen und besitzen vielleicht eine Qualifikation als Therapeut oder Sozialarbeiter. Ein Reiseleiter sollte zumindest einer Gemeinschaft von Personen in diesem Tätigkeitsfeld angehören, sei es auch nur ein einziger Mentor. Es mag schwierig sein, tatsächliche Verbindungen herauszufinden, aber achte darauf, wie die Person reagiert und über ihre Gemeinschaft spricht.

Entspricht der kulturelle Hintergrund des Reiseleiters deinen Bedürfnissen oder Vorlieben? In dem sehr wachen und feinfühligen Zustand, den du auf einer Reise erlebst, wirst du verletzlich, und die unterschwelligen Energien eines Reiseleiters können dich sehr viel stärker beeinflussen, was die Vertiefung des Erlebens und die Hingabe mindern könnte. Suche also am besten nach jemandem, bei dem du dich wirklich geborgen und wohl fühlst.

Ist der Reiseleiter offen für deine Fragen? Wie reagiert er, wenn du anfängst, Fragen zu stellen und deine Bedürfnisse zu äußern? Nimmt er dich ernst, und nimmt er sich dein Anliegen zu Herzen? Wenn du seine Ausstrahlung im nüchternen Zustand nicht magst, erwarte nicht, dass sich das ändert, wenn die Medizin wirkt.

Wie man einen Reiseleiter findet

Einen Reiseleiter zu finden, ist nicht immer einfach. Selbst in der San Francisco Bay Area, wo es weltweit die meisten Reiseleiter gibt, wissen die Leute oft nicht, wie man an sie herankommt. Versuche, auf psychedelikfreundlichen oder -orientierten Veranstaltungen Leute kennenzulernen und Freundschaften zu schließen. Sich einfach umzuhören ist der beste Weg, um Tripsitter und/oder Therapeuten vor Ort zu finden. In vielen Städten gibt es psychedelisch orientierte Veranstaltungen, die von psychedelischen Gesellschaften und ähnlich ausgerichteten Gruppen organisiert werden.

Für alle, denen die persönliche Teilnahme an Veranstaltungen nicht möglich ist, können Online-Veranstaltungen hilfreich sein – obwohl viele empfehlen, das Internet nicht zu nutzen, um sich Medizin zu beschaffen oder um einen Reiseleiter zu finden. In diesem Fall bedeutet der Aufbau von Beziehungen die größte Chance. Und schließlich solltest du nach Fachleuten für Integration suchen oder Therapeuten finden, die Integration als wichtigen Teil ihrer Arbeit betrachten.

Fachleute für Integration

Eine wachsende Zahl von Coaches und Therapeuten konzentriert sich auf die Unterstützung von Menschen in Phasen der Vorbereitung und während der Integration psychedelischer Erfahrungen. Überlege dir, mit der Unterstützung eines Experten zu arbeiten, wenn du versuchst, schwere Traumata zu überwinden, oder einfach nur, wenn du zusätzlichen Support wünschst.

Diese Anlaufstellen sind oft über Online-Verzeichnisse zu finden:

- integration.maps.org
- psychedelic.support
- psychedelicaccessdirectory.com
- harmreduction.org
- drogennotdienst.de
- sidekicks.berlin
- eclipse-ev.de
- drugscouts.de
- marydannehl.de
- www.saferparty.ch
- www.raveitsafe.ch
- www.infodrog.ch
- checkit.wien

Was man über die Dosierung wissen sollte

Die Diskussion über die Menge, die man einnehmen sollte, wird immer kontroverser. Lange Zeit war Terence McKennas Philosophie von 5 getrockneten Gramm (*Psilocybe cubensis*) in stiller Dunkelheit maßgebend. Anfang der 2000er Jahre galten 3,5 Gramm als eine Einzeldosis. In jüngerer Zeit lag die empfohlene Einstiegsdosis für den Freizeitgebrauch eher bei 2,5 Gramm, und die «Museumsdosis» lag bei 1 Gramm. Dann kam die Mikrodosierung – nur 0,1 Gramm (100 mg) – auf den Plan. Einige Wenige befürworten sogar hohe Dosen von 10, 20, 30 Gramm und mehr. Allerdings ist der beste Rat, den auch Befürworter hoher Dosen vertreten, *start low, go slow* (dt.: niedrig anfangen, langsam weitergehen).

Pilze sind Werkzeuge

Pilze und Psychedelika im Allgemeinen werden oft als Werkzeuge beschrieben. Die Frage ist: Sind sie Tacker oder Kanonen, Hämmer oder Abrissbirnen? Das hängt u.a. maßgeblich davon ab, wie viel man zu sich nimmt. Pilze können dich wieder zusammensetzen und neu aufbauen, aber sie haben auch die Macht, dich in den Kosmos hinauszuschießen oder deine derzeitige Wirklichkeit zu zerstören. Die Dosis, aber auch das Setting (dt.: Umfeld) und die Geisteshaltung gehören zu den entscheidenden Faktoren, die darüber bestimmen, wie sich diese Mittel auf dich auswirken können. Das Ergebnis hängt nicht so sehr davon ab, was du einnimmst.

Indem du eine bewusste Beziehung zu diesen Substanzen und, wenn möglich, zu einer bestimmten Pilzsorte aufbaust, kannst du deine Erwartungen eher mit deiner Realität in Einklang bringen.

Niedrig anzufangen und langsam zu steigern ist der Schlüssel zum Aufbau dieser Beziehung, bei der du in unbekannten Gewässern tauchst und beginnst, die eigene Erfahrung im Umgang mit Psilocybin zu verstehen.

Dosierungsrichtlinien

Dosierungsrichtlinien sind genau das: nur Richtlinien. Es gibt eine Menge Variationen von Sorte zu Sorte und von Charge zu Charge. Wenn du deine eigenen Pilze anbaust, kannst du besser einschätzen, was du zu erwarten hast, und schließlich den besten Nutzen aus schrittweise gesteigerten Dosen ziehen, bis du deinen optimalen Bereich gefunden hast. Die grundlegenden Dosierungsrichtlinien sind ein allgemeiner Anhaltspunkt, aber um den optimalen Bereich zu finden, ist weitere Verfeinerung nötig – ein Begriff, der vor allem für das Microdosing von Bedeutung ist, obwohl er sich auch auf höhere Dosierungen anwenden lässt. Dein persönlicher «optimaler Wert» hängt von der Sorte, der Charge, der Frische und der Qualität der Pilze ab. Viele Menschen verbreiten die Aussage, eine Mikrodosis Pilze sei bei etwa 0,1 Gramm (100 mg) angesiedelt. Solche pauschalen Aussagen sind jedoch mit Vorsicht zu genießen, denn Pilz ist nicht gleich Pilz. Siehe dazu die Ausführungen weiter oben.

Abgesehen davon, dass die korrekte Einzeldosis im Microdosing von der jeweiligen Sorte abhängt, wird der optimale Dosierungsbereich auch von der Aktivität beeinflusst, die nach Einnahme geplant ist. Welche Menge ist die richtige Dosis für eine Wanderung im Wald, welche für intensives Ausdauertraining? Welche ist die beste Dosis für meditative Selbstbeobachtung und welche zum Führen eines Tagebuchs? Welches ist der optimale Bereich für einen Abend mit Freunden?

Wenn es um größere Dosen geht, hat der optimale Wert viel mit deiner Komfortzone und dem gewünschten Ergebnis zu tun. Neulingen wird vielleicht geraten, genau 3,5 Gramm zu nehmen, aber das ist ein bisschen so, als würde man sagen, ein Mixgetränk bestehe aus drei Schuss Whisky. Hier stellt sich immer die Frage nach der Potenz des Ausgangsmaterials. Und wieder greift das Mantra *start low, go slow.*

Bei einer gleichbleibenden Versorgung mit Pilzen ist das Abwiegen der Dosis am hilfreichsten. Der Verzehr von 1 Gramm einer Pilzsorte führt jedoch im Allgemeinen zu anderen Ergebnissen als die gleiche Menge einer anderen Sorte, wenngleich der Unterschied nicht sehr groß sein mag, aber doch sein kann. 1 Gramm *Psilocybe semilanceata* oder *cyanescens* und 1 Gramm *Psilocybe azurescens* zu nehmen, ist ein großer Unterschied. Behalte das im Hinterkopf, wenn du verschiedene Strains ausprobierst.

In Zukunft könnten Fortschritte in der Analyse der Potenz von psychoaktiven Pilzen es ermöglichen und sogar vereinfachen, die Dosierung auf der Grundlage des Psilocybin-Gehalts zu bestimmen. Derzeit ist der Stand der Dinge so, als würde man alle Biersorten über einen Kamm scheren, das schwächere Pilsener und das höherprozentige Bockbier; der Neuling sieht Pilze in Gramm oder Milligramm, ohne die Wirksamkeit zu berücksichtigen. Bei Alkohol ist es oft selbstverständlich, den Unterschied zwischen einem erfrischenden Lagerbier und einem starken India Pale Ale (Anm.: hopfenbetontes Bier) zu kennen.

Analysetools

Es gibt Analysetools zur Messung der Wirksamkeit von Pilzen, vor allem das *Psilo-Q-Testkit* von Miraculix und Felix Blei, einem Chemiker und Befürworter der Schadensminderung mit Sitz in Deutschland (Jena). Diese Analysetools verwenden eine kolorimetrische Skala, um die Bewertung zu vereinfachen, obwohl die Bestimmung des genauen Wertes schwierig sein kann. Am besten eignen sich diese Analysetools für eine grobe Einschätzung der Wirksamkeit als niedrig, durchschnittlich oder hoch. Eine genauere Bestimmung ist zwar technisch möglich, kann aber sehr aufwendig sein.

Zu Beginn haben die Angaben zur Wirksamkeit wenig Aussagekraft, bis man genug Erfahrung hat, um Zahl und Wirkung in Beziehung zu setzen. In klinischen Studien wurden 10 mg Psilocybin als niedrige Dosis, 20 mg als mittlere Dosis und 30 bis 35 mg als hohe Dosis angesehen. Wenn in einer Probe etwa 1 Prozent Psilocybin festgestellt wird, dann weiß man, dass jedes Gramm (1.000 mg) des Pilzes etwa 10 mg Psilocybin enthält. Solche Analysetools sind in den Vereinigten Staaten unter qtests.org erhältlich.

Mikrodosis 0,05 bis 0,25 Gramm (50 bis 250 mg). Die Mikrodosis, die als subperzeptuelle oder niederschwellige Dosis verstanden wird, ist eine der beliebtesten Arten, Pilze zu konsumieren, da sie oft einen gewissen oder sogar erheblichen Nutzen bringt, ohne die täglichen Aktivitäten zu behindern. Dieser Dosierungsbereich wird in einem eigenen Abschnitt zur Mikrodosierung genauer untersucht.

Minidosis oder Schwellendosis 0,3 bis 1 Gramm. Dieser Dosierungsbereich gehört nicht mehr zum Microdosing, weil sich individuell erste psychoaktive Effekte einstellen können. Er beschreibt den Moment, an dem du dich nicht mehr ganz wie du selbst fühlst. Dein Pilzerlebnis ist so gesteigert, dass deine Handlungen und Reaktionen von deinem normalen Wachbewusstsein abweichen. Die Mikrodosis liegt unterhalb dieser Schwelle, und die Museumsdosis liegt normalerweise bei oder über dieser Dosis. Für Neu-Konsumenten kann diese Dosis mit einer gewissen Angst verbunden sein, also lass dir viel Zeit, wenn du in diesem Bereich herumprobierst.

Museumsdosis oder kleine Dosis 0,5 bis 2 Gramm. Dieser Dosierungsbereich wird normalerweise von Menschen verwendet, die ein anderes Erlebnis verstärken wollen, zum Beispiel den Besuch eines Museums oder eines Konzerts, oder die mit Freunden an einem Lagerfeuer abhängen oder im Wald wandern gehen wollen. Die bevorzugte Praxis in diesem Bereich ist, die Dosierung über der Minidosis oder dem Schwellenwert anzusetzen, um das Psilocybin wirklich zu spüren, aber um den Verlust normaler Funktionen wie Gehen, Sprechen und rationaler Entscheidungen zu vermeiden. Dieser Bereich kann am riskantesten sein, wenn dein Gefühl von Sicherheit und Vertrauen, nicht «zu viel» zu nehmen, dich trügt, während die tatsächliche Wirkung stark sein kann. Wenn du die Welt erkundest, kann das Unerwartete überwältigend sein, und selbst normale Erfahrungen können zu unvorhergesehenen emotionalen oder irrationalen Auslösern werden. Sei vorsichtig.

Makrodosis 2 bis 5 Gramm. Dieser Dosierungsbereich beschreibt die häufigste Methode der Einnahme von Pilzen. Es ist die Erfahrung, die von den meisten Leuten beschrieben wird, wenn sie sagen, dass sie «getrippt sind», «auf eine Reise gingen» oder einfach «Pilze genommen haben». Es ist auch der am häufigsten verwendete Bereich für therapeutische Zwecke außerhalb klinischer Studien. Für Details zu diesem Dosierungsbereich siehe den Abschnitt *Makrodosierung.*

Heldendosis 5 Gramm. Du kannst davon ausgehen, dass diese Menge an Pilzen sehr stark sein wird. Ob die resultierende Wirkung wirklich so intensiv ist, hängt von der Potenz der Pilze ab, aber im allgemeinen werden 5 Gramm, egal von welcher Sorte, einen starken Trip herbeiführen. Diese Dosis sollte mit der gleichen Sorgfalt und Absicht angegangen werden wie jede Makrodosis-Erfahrung.

Hohe Dosis 5 bis 20+ Gramm. Jenseits der Heldendosis gibt es einen Bereich, der öfter diskutiert als erlebt wird. Es besteht eine gewisse Faszination für die Erfahrung mit sehr hohen Dosen. Auch wenn es im Grunde genommen unmöglich ist, so viele Pilze zu essen, dass man stirbt, steht ständig die Frage im Raum, was passieren würde, wenn man nur ein bisschen mehr nehmen würde. Manche Menschen glauben, dass Pilze so verwendet werden sollten, und es besteht kein Zweifel daran, dass höhere Dosen einzigartige und spirituell oder existenziell anregende Erfahrungen ermöglichen. Es ist aber auch eine Tatsache, dass unsere Kultur sehr wenig Raum bietet, um diese Art von Erfahrungen zu diskutieren, zu erforschen oder auch nur zu würdigen. Diejenigen, die diese Grenze überschreiten, tun dies oft allein und können danach ein verstärktes Gefühl der Entfremdung erleben. Bei der Einnahme höherer Dosen ist große Vorsicht geboten, und sie ist gewiss nichts für Neulinge. Selbst überzeugte Befürworter empfehlen ein langsames, schrittweises Vordringen in diese höheren Bereiche mit langen Zeitabschnitten der Erholung zwischen den Erfahrungen.

Aspekte jenseits der Wirksamkeit: Eine persönliche Geschichte

Ich habe zahlreiche Makrodosen von Pilzen erlebt, mehrere Heldendosen erfahren und mit den Grenzen hoher Dosen gespielt. Die visuellste Reise, die ich je erlebt habe, war mit nur 3,5 Gramm Pilzen. Ich fühlte mich, als sei mein Bewusstsein aus meinem Körper entführt worden und bewege sich durch eine Vielfalt von Bereichen, die sich am besten als bewusstes, intelligentes Licht beschreiben lassen. Ich erlebte wiederholt visuelle Erscheinungen, sah etwas, das sich wie das Zentrum der gesamten Schöpfung anfühlte, sah mich selbst als kleine Kaulquappe, die sich in unendlich vielen winzigen Säckchen an den Wänden eines höhlenartigen Abgrunds entwickelte, und so weiter. Diese Erfahrung machte ich während eines Pilz-Retreats nach drei Tagen sehr bewusster Vorbereitung, einschließlich vegetarischer Ernährung, Yoga-Übungen und Atemarbeit. Zu erwähnen ist auch, dass die 3,5 Gramm in eine ganze Tasse mit zähflüssigem Kakao gemischt wurden, der manchmal verwendet wird, um die Kraft der Pilzerfahrung zu verstärken.

Abgesehen vom unerwarteten Charakter der Reise selbst, war ich ebenso überrascht, dass keine der etwa 15 Personen eine ähnliche Erfahrung gemacht hatte, obwohl sie das gleiche Präparat und in vielen Fällen eine ähnliche Dosis hatten. Was will ich mit dieser Geschichte sagen? Die Wirksamkeit ist nicht der einzige Faktor. Pilze sind nicht für ihre Beständigkeit bekannt, und die Zubereitung kann einen großen Unterschied machen. Mein bester Rat an dich ist wiederum, mit geringen Mengen anzufangen und langsam weiterzugehen.

Logistik der Dosierung

Die Frage, wie man die Pilze konsumiert, ist vielleicht noch wichtiger als die Menge der Pilze, die eingenommen werden soll. Die Weggabelung führt zu ganzen Pilzen in die eine und einfachen Extrakten in die andere Richtung.

Ganze getrocknete oder frische Pilze

Der Verzehr von getrockneten Pilzen ist die häufigste Art der Psilocybin-Verwendung. Normalerweise werden psilocybinhaltige Pilze getrocknet in ihrer natürlichen Erscheinungsform konsumiert. Getrocknete Pilze haben den Vorteil, dass sie lange haltbar sind, viel länger als frische Pilze, die sich im Kühlschrank sieben bis zehn Tage halten.

Allerdings ist der Verzehr von ungekochten Pilzen nicht sehr üblich und kann zu Magen-Darm-Beschwerden führen. Es ist zwar unwahrscheinlich, dass es zu Erbrechen kommt, aber etwas Blähungen, Aufstossen oder eine kurze Welle der Übelkeit sind nicht ungewöhnlich.

Du musst frische Pilze nicht pur essen; es ist gängig, sie mit einem Schokoriegel zu verzehren oder in Honig zu tauchen. Schokolade ist auch dafür bekannt, dass sie dem Pilzerlebnis einen kleinen Schub verleiht. Die Pilze in ein Erdnussbutter-Sandwich oder einen Smoothie zu geben, sind andere Möglichkeiten, sie zu sich zu nehmen. Bedenke jedoch, dass die Kombination der Pilze mit zu viel Essen die Wirkung der Pilzerfahrung verringern kann. Manchen wird auch übel, wenn der Magen allzu voll ist.

Die Erfahrungen, die von frischen und getrockneten Pilze herbeigeführt werden, unterscheiden sich auf subtile Weise, wobei getrocknete Pilze in der Regel nicht ganz so stark wirken. Während des Trocknungsprozesses verlieren *P.-cubensis*-Pilze bis zu 90 Prozent ihres Gewichts in Form von Wasser; 10 Gramm frische Pilze haben die gleiche Wirksamkeit wie 1 Gramm getrockneter Pilze. Wenn 3,5 Gramm Pilze getrocknet verzehrt werden sollen, liegt die vergleichbare Rohmenge bei etwa 35 Gramm.

Einfacher Auszug

Mit heißem Wasser oder starker Säure kann man das Psilocybin extrahieren oder einen Teil des Pilzmaterials, das sich sonst erst im Magen aufspaltet, vorab aufschließen, wodurch sich die Unannehmlichkeiten frischer Pilze hinsichtlich Verdauung und Geschmack umgehen lassen. Diese Methoden führen in der Regel zu einem schnelleren Wirkungseintritt, einem intensiveren Höhepunkt und einer kürzeren Gesamtdauer.

Heißes Wasser

Wenn dich die gängigste Art, Psilocybin zu konsumieren – das Essen der Pilze – nicht anspricht, kannst du dich für die zweithäufigste Methode entscheiden: ein Aufguss aus frischen oder getrockneten Pilzen. Jeder hat seine eigenen Rituale, aber im Grunde ist es ein einfacher Aufguss. Man übergießt die gewünschte Menge gehackter oder pulverisierter Pilze mit kochendem Wasser und lässt die Mischung 15 Minuten ziehen oder solange, bis sie auf Trinktemperatur abgekühlt ist.

Diese Methode lässt viele Variationen zu, da der Mischung auch andere Teesorten oder Kräuter hinzugefügt werden können. Ingwer und Honig sind übliche Zutaten für den Geschmack und zur Beruhigung des Magens. Verschiedene Zusätze haben ihre eigenen subtilen Auswirkungen auf die Reise. Kakao hat eine anregende und öffnende Wirkung, die dank seines Theobromin-Gehalts das Erlebnis noch verstärken kann.

Die Variationen sind zwar vielfältig und unendlich, aber die Methode braucht nicht schwierig zu sein. Wenn du gehackte Pilze verwendest, kannst du die Pilze nach dem Einweichen herausrausnehmen oder sie verzehren. Bei der Verwendung von pulverisierten Pilzen kann es einfacher sein, sie im Sud zu belassen, als zu versuchen, sie herauszunehmen.

Zubereitung von Pilz-Tee

1. **Wasser für den Tee aufkochen. Bei der Verwendung von Ingwer diesen 10 Minuten vor dem Aufkochen ins Wasser geben.**
2. **Die gewünschte Menge frischer oder getrockneter Pilze abmessen.**
3. **Die frischen Pilze grob hacken bzw. die getrockneten Pilze zerkleinern oder pulverisieren und in einen Becher geben.**
4. **Sobald das Wasser kocht, dieses über die Pilze gießen. Falls gewünscht, einen Teebeutel hinzufügen.**
5. **Den Tee 15 Minuten ziehen lassen.**
6. **Eventuell die Pilze vor dem Trinken abseihen.**

Säureextrakt (Zitronen-Methode)

Bei dieser Methode wird der ausgesprochen saure Saft von Zitronen verwendet, um Psilocybin zu extrahieren und den Pilzkörper aufzuschließen. Du tauchst einfach die gewünschte Menge gemahlener oder pulverisierter getrockneter Pilze in frisch gepressten oder in Flaschen abgefüllten Zitronensaft und lässt ihn 30

Minuten lang stehen. Wie beim Pilz-Tee kann das Pilzmaterial vollständig entfernt werden, obwohl verbleibendes Material die Wirkung verstärken kann, denn es wird nur wenig Flüssigkeit verwendet. Der Zitronenextrakt selbst kann mit Tee oder einem anderen Getränk gemischt oder als purer Shot eingenommen werden. Der Extrakt führt zu einem schnelleren und intensiveren Einsetzen, Höhepunkt und Nachlassen der Wirkung als frische Pilze, die für sich allein oder als Pilz-Tee eingenommen werden.

Herstellung von Zitronenextrakt

1. **Die gewünschte Menge an getrockneten Pilzen abmessen.**
2. **Die Pilze zerkleinern oder pulverisieren und in eine kleine Schale oder ein Glas geben.**
3. **Das Pilzmaterial mit Zitronensaft bedecken und 30 Minuten warten.**
4. **Den Zitronenextrakt als Shot einnehmen und vor dem Verzehr kurz umrühren oder mit Tee oder einem anderen Getränk mischen, damit er leichter hinuntergeht.**

Mikrodosierung

Es gibt keinen besseren Einstieg für den Start der Reise ins Unbekannte als mit einer Mikrodosis. Der Gedanke, winzige Dosen psychoaktiver Substanzen einzunehmen, hat in alten Kulturen Tradition, länger als uns bekannt ist, und tauchte in den 1970er Jahren wieder auf, als der Psychologe und Autor James Fadiman den Begriff «Mikrodosierung» prägte. Es hat fast 40 Jahre gedauert, bis diese Vorgehensweise eine größere Verbreitung fand.

Auch wenn die Mikrodosierung nur ein Einstieg in die Erkundung höherer Dosen sein kann, ist sie für viele Menschen ein wirksames Instrument, um neue und bessere Gewohnheiten zu entwickeln, eine Abhängigkeit zu beenden und mit Depressionen, PMS-Symptomen (Prämenstruelles Syndrom) und anderen Beschwerden umzugehen. Dennoch ist es kein ultimativer Weg zur Lösung eines Problems; vielmehr werden sich die möglichen Vorteile für dich durch deine eigene Forschung zeigen.

Das Wichtigste, woran du auf deiner Reise durch die Mikrodosierung denken solltest, ist, dass Veränderung die einzige Konstante ist. Lerne den Pilz kennen. Baue in kleinen Schritten eine Beziehung auf und habe keine Angst, deine Grenzen zu überschreiten – aber auf eine sichere Art und Weise.

Durchschnittliche Dosis

Das Finden des optimalen Bereichs wird meistens mit Mikrodosierung in Verbindung gebracht, denn winzige Anpassungen der Dosis können eine erhebliche Wirkung haben. Obwohl üblicherweise als 0,1 Gramm (100 mg) angegeben, ist mit «Mikrodosis» die durchschnittliche Dosis gemeint. Das mag für dich der richtige Bereich sein, aber die Wirkung einer Mikrodosis hängt ebenso sehr von der Wirksamkeit des Pilzes ab wie von der Dosis. Denke daran, dass sich dein optimaler Bereich mit der Sorte, der Charge, der Frische und der Qualität der verwendeten Pilze ändern kann. Das ist einer der besten Gründe, Pilze selbst zu züchten, sodass eine gleichbleibende und hochwertige Qualität gewährleistet ist.

Aufstocken einer Mikrodosis

Ein häufiger Fehler bei Anfängern im Microdosing tritt auf, wenn sie die erwartete Wirkung nicht verspüren und eine zweite Dosis nehmen, um die fehlende Wirkung auszugleichen. Das Ergebnis sind oft unnötige Ängste und mögliche Gefahren, wenn das Microdosing mit Autofahren oder anderen Aktivitäten einhergeht. Habe einfach Geduld, lasse ein oder zwei Tage verstreichen und versuche es erneut mit einer etwas größeren Mikrodosis.

Angestrebtes Gefühl

Eine Mikrodosis sollte unterhalb der psychotropen Wahrnehmungsschwelle liegen. Oft wird das so verstanden, dass man überhaupt keine Wirkung verspüren soll. Fadiman, der in diesem Zusammenhang auch den Begriff «subperzeptuell» geprägt hat, erläutert: «Blumen und Bäume sollten lebendiger wahrgenommen werden, aber sie sollten nicht mit dir sprechen.» Was du wahrnimmst, sollte sich also nicht so anfühlen, als hättest du eine psychedelische Substanz eingenommen. Auf der Suche nach dem «optimalen Bereich» ist es hilfreich, eine mehrtägige Pause zwischen den Einnahmen einzulegen und sich dann langsam nach oben zu steigern, bis man eine Obergrenze erreicht, die an der Übergangsschwelle der psychoaktiven Pilzeffekte liegt. Danach solltest du langsam wieder herunterfahren, bis du die für dich richtige Dosis gefunden hast. Das geschieht in der Regel in kleinen Schritten von etwa 0,05 Gramm (50 mg), und eine Feinabstimmung in Schritten von 0,025 Gramm (25 mg) kann die Erfahrung weiter verfeinern, obwohl die meisten Menschen solche kleinen Anpassungen wohl gar nicht wahrnehmen.

Hier einige Anhaltspunkte, um dir eine Vorstellung davon zu vermitteln, wie sich unterschiedliche Dosen auf die meisten Menschen auswirken können.

0,05 Gramm (50 mg). Keine wahrnehmbare Wirkung für den Durchschnittsmenschen. Mit etwas Erfahrung kann die Wirkung spürbar sein, aber nur leicht. Sehr milde Steigerung der Sinne.

0,1 Gramm (100 mg). Eine leichte Steigerung der Sinne, normalerweise wahrnehmbar für feinfühligere Personen.

0,2 Gramm (200 mg). Eindeutige Verstärkung der Sinne und mehr als eine zweckmäßige Mikrodosis für den Durchschnittsmenschen.

0,3 Gramm (300 mg). Näher an einer Schwellendosis. Es ist zu erwarten, dass du einen veränderten Zustand erlebst, der über eine leichte Verstärkung hinausgeht. Ein gewisses Gefühl der Angst beim Versuch, normal zu funktionieren, ist bei dieser Dosis die Regel.

Die beste Vorgehensweise zur Mikrodosierung

Suche dir etwas Vertrautes. Beim Mikrodosieren ist es immer am besten, in einem Bereich zu experimentieren, der dir vertraut ist. Das kann eine Mikrodosis auf deiner Lieblingswanderung sein, beim Spaziergang mit deinem Hund oder bei deinem Morgenkaffee an einem arbeitsfreien Tag. Es geht darum, dass du dich auf eine Erfahrung einstellst, die für dich normal ist, wodurch sich die Wahrscheinlichkeit erhöht, dass du selbst kleinste Veränderungen bemerkst.

Überlege. Verschiedene reflexionsbasierte Methoden können dir helfen, die Wirkungen der Mikrodosierung zu erkennen. Das Führen eines Tagebuchs ist vielleicht am hilfreichsten, denn es ermöglicht, die vergangenen Tage zu überdenken und im Laufe der Zeit eine größere Geschichte daraus zu entwickeln. Obwohl das eine der intensiveren Methoden der Reflexion ist, wird sie zumindest für die Phase empfohlen, in der du deinen optimalen Bereich zum ersten Mal findest.

Wenn du mit dem Mikrodosieren anfängst, ist es ebenfalls hilfreich, deine Tage ab und an zurückzuverfolgen. Denn die Wirkungen sind eher aufeinander aufbauend als unmittelbar, und es kann sein, dass du kleine, aber bedeutsame Veränderungen übersiehst. Wenn du dir einen Moment Zeit nimmst, um kleine Veränderungen zu beobachten, wirst du eine viel bessere Vorstellung davon haben, ob und in welchem Maße diese Methode für dich von Nutzen war.

Verwende eine Schmuckwaage. Die für eine Mikrodosis benötigte Menge Pilzmaterial ist sehr klein, sodass es schwierig ist, sie mit dem Auge abzuschätzen, und fast unmöglich, sie ohne die richtigen Hilfsmittel gleichmäßig zu dosieren. Das beste Werkzeug ist eine Waage, die auf drei Dezimalstellen und ein Milligramm genau abmessen kann. Im Internet findest du eine große Auswahl, oft für weniger als 20 Euro.

Pulverisiere 3 bis 5 Gramm auf einmal. Die Vorbereitung von Pilzen zur Mikrodosierung erfolgt am besten in einer Kaffeemühle, aber die Zerkleinerung mit Mörser und Stößel oder zwischen den Fingern tut es auch. Alle Pilze auf einmal zu pulverisieren mag als gute Idee erscheinen, ist es aber nicht. Gelagerte pulverisierte Pilze verlieren schneller an Wirkung als ganze Pilze. Am besten machst du nur Mikrodosen für ein oder zwei Monate im Voraus bereit, in der Regel etwa 3 bis 5 Gramm.

Lagere das Pilzpulver mit einem Trockenmittel. Wie bei Lagerung aller Pilze erzielt man die besten Ergebnisse, wenn der Behälter null Prozent Luftfeuchtigkeit aufweist. Wann immer möglich, lege dem Pilzpulver Trockenmittelbeutel aus lebensmittelechtem Siliziumdioxid bei. Da pulverisierte Pilze eine größere Oberfläche haben als ganze Pilze, sind sie noch anfälliger für die schädlichen Auswirkungen von Feuchtigkeit und Oxidation.

Lege einen Zeitplan und ein Einnahmeprotokoll fest. Die Einnahme einer Mikrodosis in regelmäßiger Wiederholung ist der beste Weg, um die positiven Auswirkungen zu erfahren. Egal für welches Einnahmeprotokoll du dich entscheidest (in diesem Abschnitt werden verschiedene Einnahmeprotokolle vorgestellt), lege dich fest und halte dich daran. Der Einnahmezeitraum beträgt in der Regel vier bis sechs Wochen, gefolgt von einer gewissen Einnahmepause, normalerweise mindestens zwei Wochen. Denke auch über die Tageszeit nach. Wähle eine Zeit, in der du nicht in Eile bist. Wenn du feststellst, dass du zur Minderheit derer gehörst, die nach der Einnahme einer Mikrodosis sehr müde werden, dann solltest du die Einnahme abends oder sogar direkt vor dem Schlafengehen planen.

Konzentriere dich auf den Tag, nicht auf die Dosis. Das Ziel einer Mikrodosis ist eine subtile Unterstützung. Konzentriere dich nicht so sehr darauf, ob du die Dosis gespürt hast, sondern darauf, ob du einen guten Tag hattest. Im besten Fall führt die Mikrodosierung zu Verbesserungen, die den ganzen Tag über anhalten.

Zubereitung von Kapseln zur Mikrodosierung

Obwohl du eine Dosis einnehmen kannst, indem du sie direkt isst oder in Wasser, in eine Tasse Kaffee oder in deine Haferflocken am Morgen einrührst, ersparst du dir mit der Zubereitung deiner eigenen Kapseln die Zeit und die Mühe, jedesmal die richtige Dosis abzuwiegen. Je nach Modell kann man mit einer Kapselfüllmaschine problemlos 24 bis 100 Kapseln in nur 15 bis 45 Minuten befüllen.

Im Folgenden findest du ein paar Tipps, die zu einer gleichmäßigen Dosierung beitragen. Da es für die meisten Kapselfüllmaschinen eigene Anleitungen gibt, handelt es sich nur allgemeine Ratschläge.

Wähle die Größe der Kapselmaschine und die zu kaufenden Kapseln. Die Größe spielt eigentlich keine Rolle, aber mit der kleineren (Größe 0 oder 1) sparst du Geld für zusätzliche Nahrungsergänzungsmittel und die größere (Größe 00 oder 000) bietet mehr Platz für weitere nützliche Nahrungsergänzungsmittel.

1

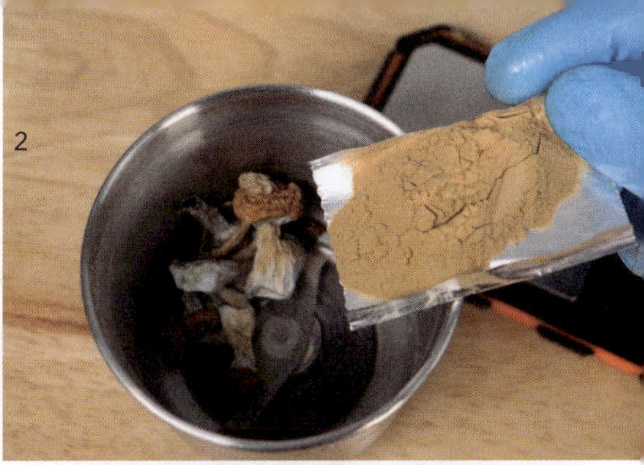
2

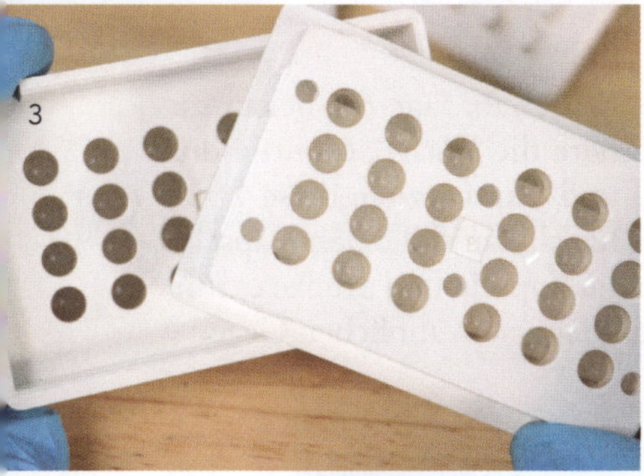
3

4

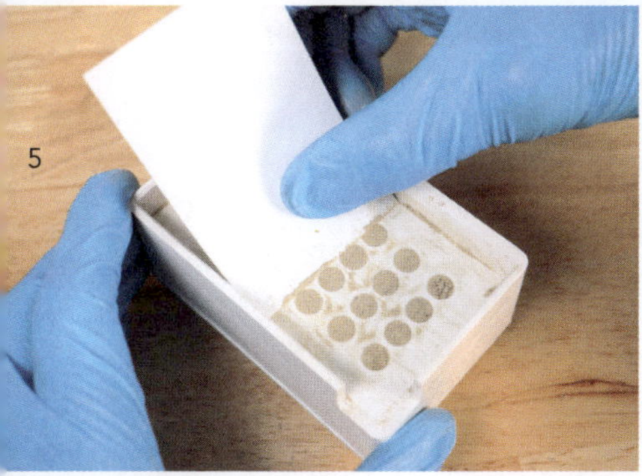
5

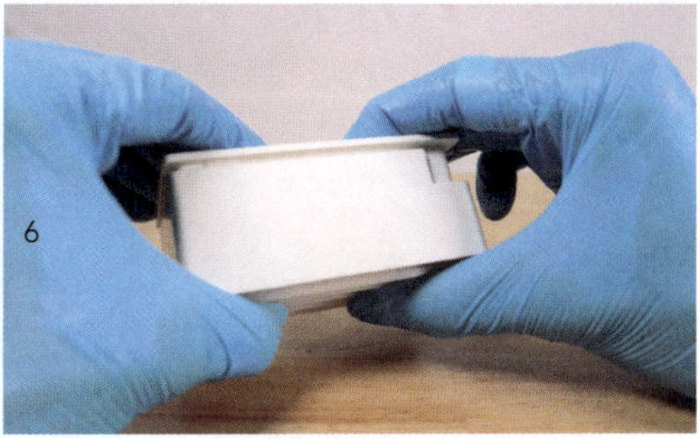
6

7

1. Wiege die Kapsel und bereite sie für die Messung mit und ohne Zusatz vor.

2. Wiege die erforderliche Menge an Pilzen und Nahrungsergänzungsmitteln ab; mixe alles zu einer feinen Konsistenz.

3. Gib die Kapselkappen und -gehäuse in die Maschine.

4. Schütte ein Viertel des Pulvers in die Gehäuse.

5. Verwende den Abstreifer, um die Gehäuse zu verdichten.

6. Wenn alles Pulver eingefüllt ist, drücke die Kappe nach unten in die Gehäuse.

7. Gebrauchsfertige Kapseln entnehmen.

Kaufe Kapseln, die bereits in Kappe und Gehäuse getrennt sind, um Zeit beim manuellen Trennen der Kapseln zu sparen.

Zermahle die Pilze zu einem Pulver und mische dieses mit einer zweiten Zutat, um sicherzustellen, dass genug dieses Materials vorhanden ist, um jede Kapsel zu füllen. Jeder Zusatz- oder Füllstoff ist geeignet, solange es sich um ein feines Pulver handelt. Der Löwenmähnenpilz ist wegen seiner hirnstimulierenden Wirkung eine häufige Wahl. Braunes Reismehl ist ein guter neutraler Zusatzstoff.

Wiege die Zutaten in einer Testkapsel ab, füge die bekannte Menge an Pilzmaterial hinzu, tariere die Waage, ermittle die Menge an weiterem Zusatzstoff und multipliziere diese Zahl dann mit der Gesamtmenge, die für alle zu füllenden Kapseln benötigt wird. Fülle das Pulver in die Kapseln und drücke es mit dem Radiergummi eines Bleistifts oder einem ähnlichen Gegenstand so fest wie möglich an.

Beliebte Einnahmeprotokolle zur Mikrodosierung

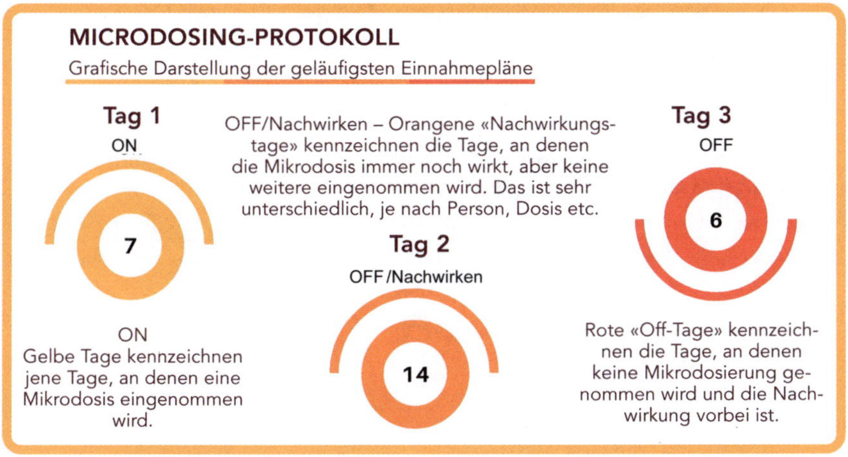

Ein Einnahmeprotokoll zur Mikrodosierung ist ein Zeitplan, der angibt, an welchen Wochentagen eine Mikrodosis eingenommen wird. Er sorgt für Struktur, die sich sehr an die subtilen Wirkungen anlehnt. Hier sind die gängigsten Einnahmepläne zur Mikrodosierung.

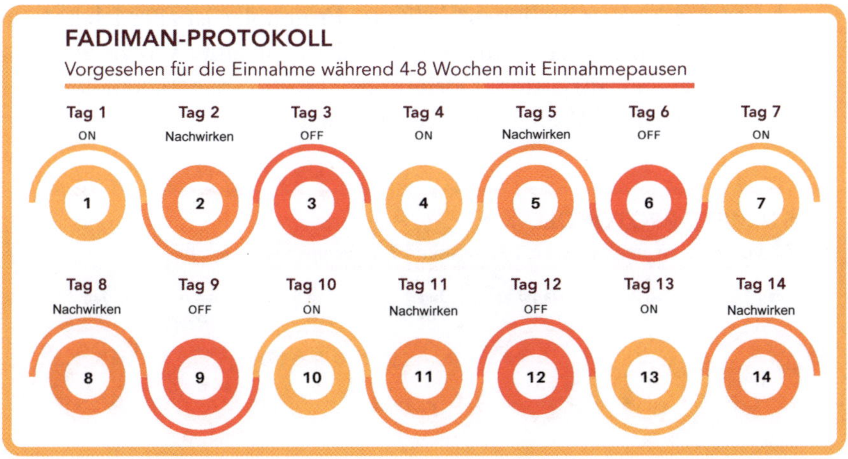

Das Fadiman-Protokoll. Dieses Einnahmeprotokoll ist nach James Fadiman benannt, der den Begriff «Mikrodosierung» geprägt hat. Er wandte zur Mikrodosierung einen Standardplan aus der pharmazeutischen Wissenschaft an, als er in den 1970er Jahren mit der Erforschung dieses Ansatzes begann. Die freien Tage sollen den Aufbau einer Toleranz verhindern und den Integrationsprozess unterstützen.

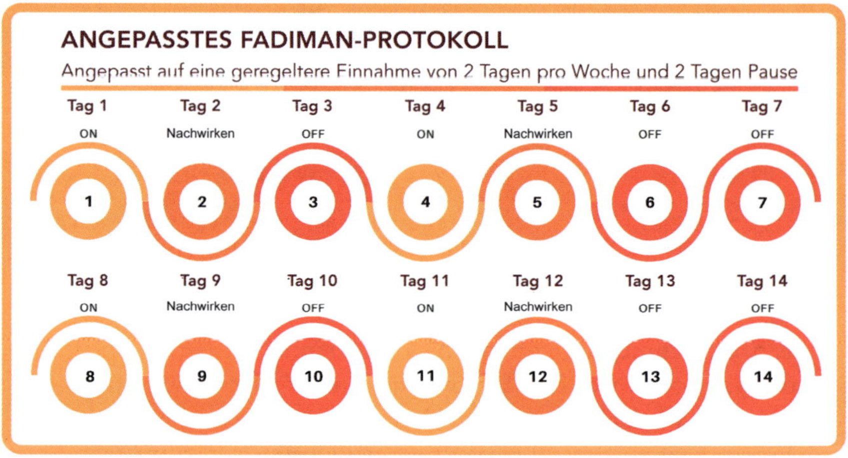

Angepasstes Fadiman-Protokoll. Dieses Protokoll entspricht der Idee des ursprünglichen Fadiman-Protokolls, ist aber leicht angepasst, um einen gleichmäßigen Ablauf von einer Woche zur anderen zu gewährleisten. Dosierungstage und freie Tage fallen auf die gleichen Wochentage, Woche für Woche.

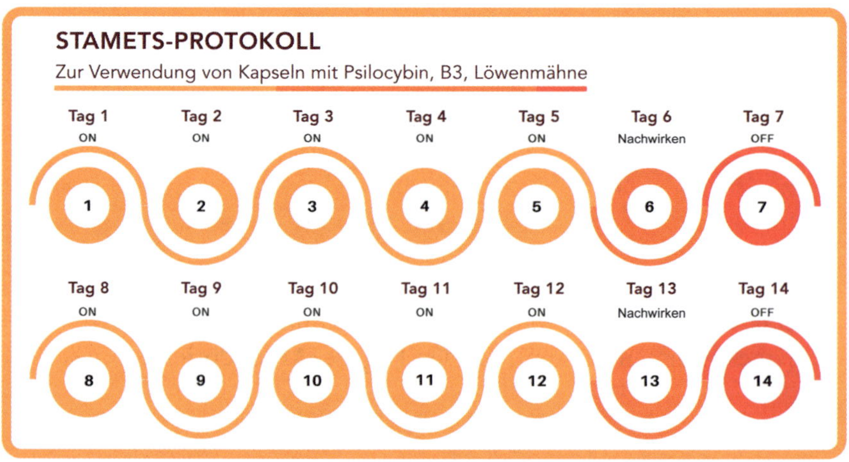

Das Stamets-Protokoll. Dieses nach dem renommierten Mykologen Paul Stamets benannte Protokoll ist auf die Optimierung der Neurogenese ausgerichtet, also auf das neue Wachstum der Myelinscheide des Nervensystems und der Gehirnzellen. Psilocybin stimuliert laut Theorie die körpereigene Produktion des Nervenwachstumsfaktors (NGF), ebenso wie der Löwenmähnenpilz. Nicotinsäure (siehe Kasten) wird verwendet, um die Kapillaren zu öffnen und die Verteilung der Wirkstoffe zu verbessern, wodurch der therapeutische Nutzen dieser Verbindungen gesteigert wird.

ACHTUNG

Achte bei der Verwendung von Nicotinsäure (Niacin, früher bekannt als Vitamin B3) auf eine vorsichtige Dosierung (Stichwort Flushing Niacin). Selbst Dosen von nur 0,1 Gramm (100 mg) können zu roter Haut, Schwitzen und Juckreiz am ganzen Körper führen, was 15 Minuten oder länger anhalten kann.

DAS MICRODOSING-INSTITUTE-PROTOKOLL

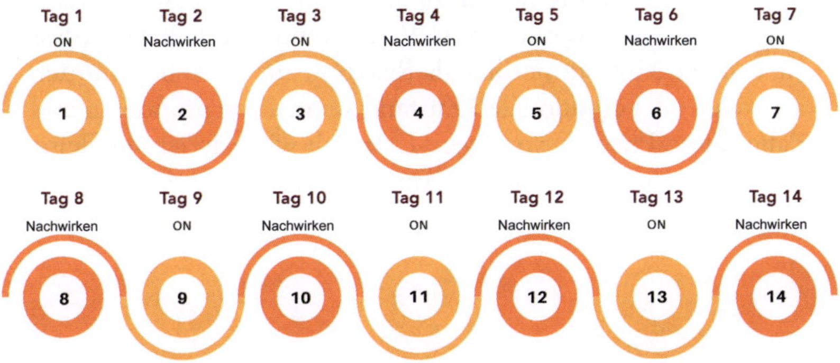

Das Microdosing-Institute-Protokoll. Mit diesem Protokoll hat das Microdosing Institute, eine sehr aktive Organisation mit Sitz in den Niederlanden und zahlreichen Forschungen vor Ort sowie einigen akademischen Untersuchungen, ein intuitives Protokoll standardisiert, das einige ihrer Community-Nutzer übernommen hatten. Mit diesem Protokoll ist keine direkte Zielsetzung verbunden, außer, dass einige Leute es bevorzugen.

DAS INTUITIVE PROTOKOLL

Das intuitive Konzept. Hierbei handelt es sich nicht um ein Protokoll, sondern um ein Konzept. Die Idee ist, dass die Mikrodosierung im Gegensatz zu Arzneimitteln dazu beitragen kann, die Ursachen von Problemen zu bekämpfen und schließlich seltener angewendet werden muss. Viele Menschen stellen fest, dass sie von der Mikrodosierung als Reaktion auf einen bestimmten mentalen oder emotionalen Zustand am meisten profitieren und daher diese Praxis bevorzugen. Letztlich wirst du lernen, deine eigenen Präferenzen im Microdosing zu eruieren.

Makrodosierung

Anders als die Mikrodosierung, die subtile Wirkungen hervorruft, verwendet man für die Makrodosierung höhere Dosen, um das Bewusstsein zu verändern und oftmals die Wahrnehmung sowie die Gefühle drastisch zu intensivieren. Die Veränderung des Bewusstseins durch Pilze ist für die meisten Menschen neu, obwohl die Veränderung von Bewusstseinszuständen im Allgemeinen normal ist. Eine normale Person durchläuft täglich eine Vielzahl von Erfahrungen von unterschiedlichen Energieniveaus, emotionalen Zuständen, Denkprozessen und chemisch induzierten Veränderungen. Eine hohe Dosis Psilocybin verstärkt diese Erfahrungen.

Während Hingabe wichtig ist, um das Beste aus einer Erfahrung mit Pilzen zu machen, lassen sich Fähigkeiten entwickeln, um die Tiefe der Wirkung zu beeinflussen, von der die Erfahrung sein wird. Bei der Arbeit mit Psilocybin gehe schrittweise vor und probiere erst kleinere Dosen aus, bevor du dich für eine Makrodosis entscheidest.

Bewege dich zum Licht, sei bereit für die Dunkelheit

Pilze öffnen uns schonungslos die Türen zu unseren eigenen tieferen Wahrheiten. Im Vergleich zu anderen Psychedelika scheint Psilocybin einen eigenen Geist zu haben, was eine hochkonzentrierte und themenspezifische Arbeit erschwert. Psilocybin erzeugt eine Achterbahnfahrt mit Höhen, Tiefen und Wendungen, die erheiternd, beängstigend, schmerzhaft oder spannend sein können – oder sanft, friedlich, lustig und aufregend. Du kannst die ganze Bandbreite dieser Emotionen in einem einzigen Trip erleben.

Für viele Psilocybin-Konsumenten ist eine positive Erfahrung nicht unbedingt mit einem «guten Gefühl» gleichzusetzen. Sogar ein «Gipfelerlebnis» kann als euphorisch gedeutet werden, aber genauso gut eine kathartische Befreiung sein. Eine Katharsis – wie etwa das Durchleben vergangener Traumata, heulen, schreien und zittern – kann überaus nützlich sein und zu persönlichem Wachstum führen.

Die Erfahrungen auf Psilocybin sind in der Regel nicht so extrem, aber über ein Unbehagen nachzudenken oder sich ansonsten völlig normaler Unannehmlichkeiten bewusst zu werden, ist eine sehr häufige Erfahrung. Deine Reaktion auf den Inhalt bestimmt den Verlauf deines Erlebnisses. Aus diesem Grund ist es am besten, «gut» von «fühlt sich gut an» und «schlecht» von «fühlt sich unbehaglich an» zu trennen. Bemühe dich einfach so gut es geht, den Sinn und die möglichen Erkenntnisse zu begrüßen.

VORSICHT

Nicht jeder Horrortrip lässt sich gleich als Rohdiamant bezeichnen. Besonders bei Menschen, die ein schwerwiegendes Trauma erlebt haben, kann Psilocybin altes Material und sogar verlorene Erinnerungen hochbringen, die nur mithilfe von Pilzen allein nicht leicht zu bewältigen sind. Deshalb ist die Empfehlung, mit einem Therapeuten oder einem Reiseleiter oder beiden zu arbeiten, in der aufkeimenden psychedelischen Szene verbreitet. Ob diese Angebote verfügbar sind oder nicht, es ist am besten, eine psychedelische Erfahrung mit so viel Unterstützung wie möglich zu machen, auch von Freunden oder der Familie.

Du kannst Psilocybin als einen Verbündeten betrachten, der dein Gedächtnis und deine Gewohnheiten durchforstet und dir hilft, die Dinge anders, nämlich aus einer anderen Perspektive, zu betrachten. Auf die Dunkelheit vorbereitet zu sein, ist etwas anderes, als sie zu erwarten, aber um zu wachsen, musst du schließlich deine Komfortzone verlassen und dich deinen Grenzen stellen. Es gibt kein Entkommen vor der schattenhaften Dunkelheit, die wir alle im Leben mit uns herumtragen. Wenn solches Material an deinen Gestaden angespült wird, ist es am besten, hinzusehen, zuzuhören, und sich damit auseinanderzusetzen. Das ist einer der größten Wachstumsimpulse für die meisten Menschen: einfach sich selbst zu begegnen.

Es ist dieser zur Dunkelheit gehörende Tanz, ob in dir oder um dich herum, der die größte Schwierigkeit für Reise-Neulinge darstellt. Was wäre, wenn das keine Schwierigkeit wäre, sondern eine Gelegenheit, sich selbst auf eine ganz neue Art kennenzulernen? Diese Neuausrichtung ist die zentrale Denkweise bei der Einnahme von Psilocybin. Letztlich besteht eine der wichtigsten Aufgaben des Geistes darin, die ständige Informationsflut zu begrenzen und aus den aufgenommenen Informationen Geschichten miteinander zu verweben. Der menschliche Geist ist eine Sinnstiftungsmaschine, und der bewusste Beobachter kann große Fortschritte machen, indem er einfach versteht, dass diese Sinnstiftung ein bewusster Prozess sein kann.

Schadensminderung und persönliches Wachstum

Eine Art, die negativen Gefühle in Verbindung mit dem Konsum von Psychedelika zu betrachten, ist «einen Horrortrip zu haben». Durch eine therapeutische Brille lässt sich ein Horrortrip in eine anspruchsvolle Erfahrung umwandeln. Ein Horrortrip ist eine Sackgasse, aber eine anspruchsvolle Erfahrung ist der Beginn einer neuen Reise und lädt zu Fragen ein wie: Warum war das so schwierig? Was war so beängstigend oder hat so weh getan?

Der moderne Konsum von Psychedelika unterscheidet sich sehr vom traditionellen Konsum, der fast immer im vertrauten Rahmen der Gemeinschaft stattfand, unter Gleichgesinnten, die in der Lage sind, die Erfahrung zu verstehen und die über althergebrachte Praktiken zur Unterstützung bei der Vorbereitung, Navigation und Integration der psychedelischen Erfahrung verfügen. Nun, da viele Psilocybin-Konsumenten allein oder im Beisein von unwissenden Personen experimentieren, ist eine gewisse Aufklärung über Set, Setting, Vorbereitung, Navigation und Integration – die fünf Kriterien, die das Muster einer ganzheitlichen psychedelischen Erfahrung bilden – hilfreich. Es ist deine Sache, die Einzelheiten zu ergänzen und die Erfahrung mit deinem eigenen Aufwand und deiner Absicht zu beleben.

Set

Set, Kurzform für *mindset* (dt.: mentale Einstellung) ist die erste Hälfte des bekannten Konzepts von «Set und Setting». Es bezieht sich auf ein weitreichendes Bewusstsein des eigenen Geistes, das nützlich sein kann, um die Erfahrung mit mehr Intention anzureichern. Es ist das Bewusstsein, dass das, was in deinem Geist ist, vergrößert wird, und dass das, was in deinem Geist ist, zählt. Die kulturelle und gesellschaftliche Programmierung trägt viel dazu bei, bestimmte Aspekte des Selbst zu verdrängen. Wir alle haben diese schattenhaften Anteile, die sich während einer psychedelischen Erfahrung offenbaren können, und sie kennenzulernen, kann einer der heilsamsten Aspekte des Pilzkonsums sein. Wenn du dich hingegen nur glückselig fühlen willst und dich heftig gegen diese Schattenseiten wehrst, dann kann das Ergebnis ein beengender Kampf sein.

Hinsichtlich Set und Pilzen geschieht die Arbeit vor und nicht während der Reise. Um deine mentale Einstellung besser zu verstehen, stelle dir Fragen: Warum will ich diese Reise machen? Was erwarte ich zu erleben? Was hoffe ich zu erleben? Was befürchte ich zu erleben? Wie werde ich mit dem Unerwarteten umgehen? Mache ich diese Arbeit für mich selbst oder für andere?

Formuliere deine Absicht. Das kann etwas Einfaches sein, wie zum Beispiel: «Ich möchte Spannungen abbauen und mich öffnen.» Es kann auch etwas Konkreteres sein, wie etwa: «Ich möchte den Grund für meine Tabaksucht besser verstehen».

Im Folgenden sind einige Überlegungen, die bei der Formulierung einer Absicht helfen können.

Absicht versus Erwartung. Die Menschen treten oft mit einem medizinischen Ansatz an die Pilze heran. Es gibt ein Problem in ihrem Leben, und sie wollen eine Lösung – doch so funktionieren Pilze nicht. Wenn du dich mit einem Ziel wie «Ich will 20 Kilo abnehmen» oder «Ich will nicht mehr depressiv sein» auf den Weg machst, schafft das eine Erwartungshaltung an den Erfolg. Die hilfreichsten Absichten haben zwar ein bestimmtes Ziel vor Augen, aber sie laden zu einem Entdeckungsprozess ein, anstatt etwas Bestimmtes oder eine Erleuchtung zu erwarten. Absichten, die mit bewussten oder unbewussten Erwartungen belastet sind, können leicht zu Hindernissen werden und vereiteln, dass du die größeren Möglichkeiten siehst, die Psilocybin bietet.

Erweitere dein Bewusstsein, anstatt auf Ziele zuzusteuern. Pilze sind nicht erforderlich, um Kalorien zu zählen, deine Mutter öfter anzurufen oder weniger Zeit am Telefon zu verbringen. Pilze arbeiten eher an dem «Warum» dieser Verhaltensweisen, sie dringen bis in die Tiefen deines Geistes vor. Absichten können leicht Hand in Hand mit Zielen und gewünschten Ergebnissen gehen, aber ihre Stärke liegt darin, die Bedeutung aus dem Gesamtbild deines Lebens zu weben.

Verantwortung. Absichten formuliert man am besten mit einer Haltung der vollen persönlichen Verantwortung. Jemanden aufzufordern, sich zu ändern oder sich auf eine bestimmte Art und Weise zu verhalten, ist eine bequeme Art, um dir deinen Weg des persönlichen Wachstums und der Erforschung zu versperren.

Setting

Während dich die mentale Einstellung nach innen führt, umfasst das Setting alles, was du in der Außenwelt während der Einnahme erlebst. Es beinhaltet Umgebung, Natur und Elemente, Gesellschaft und Menschen, Gemütlichkeit und Betreuung. Die meisten Menschen profitieren von einer kontrollierten oder vertrauten Umgebung. Das kann dein Zuhause sein oder dein Lieblingsplatz im Wald. Das Wichtigste für den Erfolg ist, dich gut vorzubereiten. Wenn du zuhause bist, bedeutet das, du kannst das Zimmer aufräumen, vielleicht für gemütliche Beleuchtung sorgen und die bevorstehende Reise als einen besonderen Anlass betrachten. Wenn du einen Platz im Freien wählst, kann das bedeuten, dass du entsprechende Kleidung und Ausrüstung mitnehmen musst, damit du es bequem hast und gegen die Elemente gewappnet bist. In jedem Fall solltest du an etwas Kleines zu essen, warme Getränke und andere angenehme Dinge denken, auf die du im Bedarfsfall während oder unmittelbar nach der Erfahrung zugreifen kannst.

Vorbereitung

Zur Vorbereitung auf die Erfahrung gehören die geistige und körperliche Reinigung, die Gewährleistung eines sicheren Rahmens und die Fokussierung auf die Intention des Trips. Der folgende Zeitplan eignet sich für viele Reisende.

Der Monat vor der Reise

Die Vorbereitung beginnt in dem Moment, in dem du dich entscheidest, eine Reise zu machen, auch wenn du kein bestimmtes Datum festlegst. Das ist ein guter Zeitpunkt, um Gedanken, Gefühle und Ideen in deinem Kopf miteinander zu verbinden. Es ist auch ein guter Zeitpunkt zur Fokussierung und Reflexion deiner Gedanken, um deine mentale Einstellung zu ergründen und zu entwickeln.

Mit **Meditation** kannst du chaotischen Momenten mit ruhiger Präsenz und Neugier oder einer beobachtenden Haltung begegnen.

Atemübungen können Geist und Körper wieder in Verbindung bringen, oder umgekehrt, indem sie den Geist durch verschiedene Atemmuster und durch das Anhalten des Atems tiefer in den psychischen Bereich führen.

Tagebuchschreiben stärkt den narrativen Verstand, schärft das

Bewusstsein für die Geschichten, die du dir selbst erzählst, und befähigt dich, aus den enthüllten oft fragmentierten Teilen deines Selbst die Geschichte zu weben, die du möchtest.

Yoga und ähnliche körperorientierte Übungen, sogar Gewichtheben, können eine tiefere Verbindung zwischen Geist und Körper herstellen, das bewusste Lösen von Verspannungen oder Schmerzen im Körper fördern und Gefühle der Heilung, Euphorie oder Neuausrichtung zulassen.

Diese und ähnliche Methoden sind dafür bekannt, die Selbstwahrnehmung zu verbessern. Während sie oft den Gebrauch von Psilocybin verstärken, kann aber auch der umgekehrte Fall eintreten. Oftmals verstärkt Psilocybin diese Methoden. Das heißt nicht, dass sie kombiniert werden müssen. Es reicht aus, diese unterschiedlichen Methoden zu kennen und zu wissen, dass diese sich im Zweifel gegenseitig beeinflussen und Synergieeffekte herbeiführen können.

Die Woche vor der Reise

Jetzt ist es an der Zeit, dich in die Absichten der Reise zu vertiefen und den Raum herzurichten. Das kann ein paar Tage vor der Reise sein, aber auch eine Woche im Voraus. Neben der Beseitigung von Unordnung in deinem Zuhause, solltest du auch die Unordnung in deinem Geist beseitigen. Es kann hilfreich sein, von den sozialen Medien, den ständigen Nachrichten oder sogar dem aktuellen Familiendrama Abstand zu nehmen. Auch der Verzicht auf verarbeitete Fertignahrung für ein oder zwei Tage vor der Erfahrung kann zu ihrer Vertiefung beitragen. Erledige alle notwendigen Aufgaben und Besorgungen, damit du am Tag der Reise und am Tag danach genug Zeit hast, um dich wieder zu sammeln und mit dem Integrationsprozess anzufangen.

Der Tag der Reise

Die wichtigste Vorbereitung für den Tag der Reise ist eine entspannte Haltung. Wenn du noch weiter putzen und vorbereiten musst, tu es mit Bedacht, genieße es, wenn möglich, und versuche, dich nicht zu hetzen. Hier kommen weitere hilfreiche Hinweise.

Trinke nicht zu viel Wasser vor der Einnahme. Viel Wasser zu trinken, bevor du Pilze konsumierst, kann den Säuregehalt des Magens reduzieren und zu einer abgeschwächten Erfahrung führen. Wenn du durstig bist, ist ein Schluck Wasser in Ordnung, und säurehaltige Getränke mit einem hohen Vitamin-C-Gehalt können die Wirkung der Erfahrung sogar noch verstärken.

Iss nicht zu viel (aber iss etwas). Zu viel Essen schwächt die Erfahrung. Viele Quellen empfehlen, vor einer Reise zu fasten, doch das kann die Wirkung der Erfahrung drastisch erhöhen und gleichzeitig das Risiko von Angstzuständen aufgrund von niedrigem Blutzucker verstärken. Wenn du dich zum ersten Mal Psilocybin zuwendest, solltest du ein paar Stunden vor der Reise eine leichte Mahlzeit zu dir nehmen. Für die Erfahreneren kann Fasten ein lohnenswerter Entdeckungsweg sein.

Ziehe stille Dunkelheit in Betracht. Es gibt zwar viel über Musik zu sagen, doch die einfache Stille ist genauso wertvoll – berühmt geworden durch Terence McKennas Einsatz für die heroische Dosis, die er «5 getrocknete Gramm in stiller Dunkelheit» nannte. Der größte Vorteil der stillen Dunkelheit ist, dass sie den Geist zwingt, sich mit sich selbst zu auseinanderzusetzen, ohne sich auf ein äußeres Gerüst zu stützen.

Ziehe Musik in Betracht. Für viele Reisende ist Musik ein Muss. Manche nutzen Musik als Mittel, um emotionale Zustände tiefer zu erforschen, mit sorgfältig zusammengestellten Playlists, die den Auf- und Abstieg der Psilocybin-Reise widerspiegeln. Andere empfinden das Hören ihrer Lieblingssongs einfach als therapeutisch. Verzichte auf Musik, die von Werbung unterbrochen wird, oder Musik mit Texten, denn einfache Worte können leicht zu inhaltlichen Fragmenten werden, die sich zu Ideen, Erinnerungen und anderem geistigen Material abspalten.

Psychedelische Musiktitel gibt es in Hülle und Fülle; eine kurze Suche nach dem Begriff «Psilocybin Journey Playlist» (dt.: Psilocybin-Reisemusik) in einer Suchmaschine oder einem digitalen Musikdienst führt zu einer langen Liste von Ergebnissen. Einige Wiedergabelisten sind zeitlich auf die durchschnittliche Psilocybin-Reise abgestimmt, die bis zum Höhepunkt nach etwa eineinhalb bis zwei Stunden intensiver wird und in den nächsten zwei bis drei Stunden langsam mit dem zu erwartenden Verlauf abklingt. Bei dieser Art von Wiedergabeliste solltest du die Zufallswiedergabe weglassen und sie direkt durchspielen.

Vermeide oder reduziere jede Kombination von Drogen. Es ist nie eine gute Idee, Drogen mit unbekannten Wirkungen oder Wechselwirkungen zu kombinieren. Diese Vorsichtsmaßnahme gilt auch für alle nicht verschreibungspflichtigen Substanzen, auch für Cannabis, Koffein und Alkohol.

Rufe das Heilige an. Für viele Menschen in der westlichen Kultur können Pilze einen Schritt in Richtung eines bewussteren oder spirituelleren Lebens darstellen. In meiner persönlichen Erfahrung hat sich alles Spirituelle oder Heilige fremd angefühlt, und obwohl ich es erkunden wollte, fühlte ich mich davon abgehalten. Robin Wall Kimmerers Buch *Geflochtenes Süßgras. Die Weisheit der Pflanzen* hat mir geholfen, und ich kann es dir wärmstens empfehlen. Die Autorin wuchs mit den ursprünglichen Wertvorstellungen des Potawatomi-Volkes auf und wurde später eine Umweltforscherin des Westens. Ihre Erfahrungen in diesen Gefilden verhalfen ihr zum Verständnis sowohl der materialistischen, reduktionistischen westlichen Weltsicht als auch des scheinbaren Gegenteils, einer ganzheitlichen Sichtweise, die im Ganzen mehr als nur die Summe seiner Teile sieht. Durch die Worte der Autorin wurde mir die Idee des Heiligen zugänglicher, und ich begann, den Nutzen dessen zu erkennen, was man als Kulturtechniken bezeichnen kann. Ihre Sichtweise des Begriffs «Zeremonie» machte mir tiefgehend bewusst, was bei mir wirklich zu kurz kam. Nicht jede Psilocybin-Erfahrung muss eine Zeremonie sein, aber es ist gut zu wissen, dass jede Reise eine sein kann.

Lass dich auf das Beziehungsnetz ein. Eine der natürlichsten und wahrscheinlich hilfreichsten Möglichkeiten, dich auf die Einnahme von Psilocybin vorzubereiten, ist das Teilen deiner Gedanken zur bevorstehenden Reise mit der Person oder den Personen, die dir zuhören wollen. Erzähle ihnen, warum du sie machen willst, was du dir davon versprichst, deine Ängste und Träume. Das Wer, Was, Wann, Wo und vor allem Warum deiner Reise aus dem Kopf zu bekommen und einer vertrauenswürdigen Person mitzuteilen, ist ein guter Weg, um dich selbst ein wenig besser kennenzulernen. Gehe dabei etwas wählerisch vor, denn die Fähigkeit der Personen, sich mit Urteilen zurückzuhalten, neugierig zu bleiben und zuzuhören, wird sich darauf auswirken, wie sehr sie deine Entdeckungsreise unterstützen können.

Ein weiterer nützlicher Bereich für Verbundenheit ist die Natur. Das kann bedeuten, einfach das Leben vor deiner Haustür zu genießen oder einen Spaziergang auf dem Grundstück, auf dem die Reise stattfinden wird, zu machen, vielleicht um das Haus herum. Letztlich kann diese Methode ein tieferes Gefühl für den Ort hervorbringen und dazu beitragen, dass du dich während einer Psilocybin-Reise geerdeter und sicherer fühlst.

Die Psychologie, andere für sich zu gewinnen

Warum all diese viele Arbeit, um sich auf die Erfahrung vorzubereiten? Warum mit anderen Menschen in Verbindung treten, dein Zimmer aufräumen, eine Absicht festlegen, mit einem Baum sprechen? Warum die eigenen Gedanken aufschreiben und sich Ziele setzen? Für Anfänger braucht es mehr als nur die richtigen Werkzeuge, um ein stabiles Gerüst zu errichten. Es erfordert eine Menge Arbeit, die in die Planung und den Aufbau fließen muss. In diesem Sinne sind die hier beschriebenen Schritte vor der Reise Werkzeuge, die dich dabei unterstützen, dein wunderbares Leben mithilfe von Pilzen zu entdecken.

Die Steigerung des Bewusstseins ist die Grundlage zur Nutzung von Pilzen zum persönlichen Wachstum. Aber was ist mit dem Glauben? Es sieht so aus, als ob Psychedelika am besten in dem Bereich wirken, den die Pharma-

industrie als ihren Untergang sieht, im Bereich der Macht des Glaubens oder des Placebo-Effekts. Da Psychedelika den Inhalt des bewussten Gewahrseins vergrößern, haben die erzielten Vorteile viel mit bewussten und unbewussten Überzeugungen zu tun. Wie gut die Pilze wirken, welche Auswirkungen sie haben und in welche Richtung sie dein Leben lenken, hängt vor allem von der mentalen Einstellung ab, die sie verstärken.

Navigation

Der Begriff «psychedelisch» kommt von den griechischen Wörtern «psyche», was so viel bedeutet wie Seele oder Geist, und «delos» bzw. «deloun», was offenbaren, wahrnehmen oder sichtbar machen heißt. Man kann es auch als Manifestation des Geistes bezeichnen, obwohl «Manifestation der Seele» vielleicht noch passender wäre. Vor allem Psilocybin scheint die besondere Eigenschaft zu haben, die sonst ungesehenen oder weniger bekannten Aspekte von Seele und Geist sehr deutlich zu machen.

Abgesehen davon, dass es die Empfänglichkeit der Antenne des Nutzers erhöht und die Filter des Gehirns dämpft, sind im Folgenden einige typische Effekte aufgeführt, die man erleben kann.

- Veränderte Wahrnehmung der Zeit.
- Veränderte Selbstwahrnehmung, die manchmal zu einer Auflösung oder einer Todeserfahrung des Egos führt.
- Gesteigerte Sinneswahrnehmung, die intensivere Farben, Muster und Geräusche nach sich zieht.
- Emotionale und stimmungsmäßige Veränderungen, die von Euphorie und Glückseligkeit bis hin zu Selbstbeobachtung und emotionaler Befreiung reichen.
- Emotionale und kathartische Erfahrungen, bei denen der Konsument auf ungelöste Emotionen oder Traumata stoßen und sie im besten Fall verarbeiten kann.
- Selbstreflexion und Einsichten, von denen einige sehr selbstkritisch und andere eher anerkennend sind.
- Ein Gefühl der Verbundenheit und Einheit, die allem Leben zugrunde liegt.

- Mystische Erfahrungen, einschließlich Transzendenz oder Vereinigung mit dem Göttlichen.
- Visuelle Phänomene bei geschlossenen Augen, von geometrischen Mustern bis hin zu Begegnungen mit Wesenheiten.
- Visuelle Verzerrungen bei offenen Augen, die von Spuren auf sich bewegenden Objekten bis hin zu komplizierten Überlagerungen auf bestehenden Objekten reichen, wie zum Beispiel sich verändernde Gesichter oder Muster von Wandteppichen, die sich aus eigenem Antrieb bewegen.
- Dramatische Schwankungen der Körpertemperatur.
- Übelkeit und/oder Magen-Darm-Beschwerden.

Hingabe

Während Psilocybin die Wahrnehmung auf eine Reise durch die Psyche mitnimmt, schwimmt man am besten mit dem Strom. Entspanne dich bei der Erfahrung und sieh, wohin sie deinen Geist führt. Wenn Herausforderungen auftauchen, begegne ihnen mit dem demütigen Geist der Hingabe und erlaube ihnen, dich mit so viel Selbstmitgefühl und Neugier zu überfluten wie nur möglich. Überwiegt der Widerstand, so kann es nützlich sein, sich nach der Erfahrung mit dem «Wann» und «Warum» zu befassen. Falls du Widerstand feststellst, ist das kein Grund zu verzweifeln, und der Weg zur Entspannung in die Hingabe ist der Punkt, an dem du vielleicht am meisten über dich selbst lernst. Hingabe gilt auch für positive Gefühle; sei einfach ein Strand und lass dich von ihnen überspülen.

Wegen des Missbrauchspotenzials in der Welt der Psychedelika solltest du daran denken, dass sich Hingabe auf die innere Erfahrung bezieht. Sollte jemand versuchen, dich von der Hingabe an unerwünschte Annäherungsversuche zu überzeugen, ist Widerstand die erforderliche Reaktion.

Mache dir Notizen

Da die Psilocybin-Erfahrung oft traumähnlich ist, kann es für den Integrationsprozess sehr hilfreich sein, sich während der Reise Notizen zu machen. Notizen erleichtern es sehr, sich an die Erfahrung zu erinnern und darüber nachzudenken. In einen Notizblock zu schreiben ist wahrscheinlich die am wenigsten sinnvolle Alternative, da das Schreiben den freien Gedanken- und Erfahrungsfluss stören kann. Einen Begleiter oder Reiseleiter zu bitten, deine ausgesprochenen Gedanken aufzuzeichnen, kann eine viel bessere Methode sein, um Notizen festzuhalten, doch die vielleicht einfachste und nützlichste Methode dafür ist mit einer Sprachaufnahme-App.

Jeden Moment der Erfahrung aufzuzeichnen, ist nicht nötig und eher hinderlich als hilfreich. Versuche, eine bruchstückhafte Spur aus einfachen Wörtern oder Sätzen zu hinterlassen, es sei denn, es fühlt sich richtig an, deinen Prozess laut auszusprechen.

Zeitplan der Navigation

Die Hauptreise erstreckt sich in der Regel über einen Zeitraum von vier bis sechs Stunden. Sie besteht aus drei Teilen: Beginn (20 bis 45 Minuten), Höhepunkt (ein bis zwei Stunden) und Abklingen (eineinhalb bis drei Stunden). Nach dem Höhepunkt der Erfahrung kommt es zu einer sanften Rückkehr in einen relativ normalen Wachzustand.

Das Nachklingen der Reise dauert etwa vier bis zwölf Stunden. Sobald du wieder in dein normales Bewusstsein zurückkehrst, solltest du einige Zeit für die energetische Erholung einrechnen. Diese Erholung kann mit leichter Übelkeit, Schwindel und Müdigkeit einhergehen. Auch gesteigerter Appetit ist keine Seltenheit, daher ist es ratsam, ein paar leichte Kleinigkeiten zu essen dabei zu haben. Die meisten Menschen fühlen sich sechs bis acht Stunden nach der Einnahme von Pilzen wieder ziemlich normal, aber nicht jeder. Vielleicht hast du einen leichten Kater. Deshalb solltest du dir Zeit lassen, um dich vollständig zu erholen, bevor du ein Fahrzeug lenkst oder wieder zur Arbeit gehst. Eine gute Nachtruhe reicht normalerweise aus, um sich wieder völlig normal zu fühlen.

Integration

Jetzt ist die Zeit, in der du dich vor allem darauf konzentrierst, Körper und Geist auszuruhen, und dann darauf, neue Inhalte und Erkenntnisse in dein tägliches Leben zu integrieren. Die Integration ist seit langem ein wesentlicher Aspekt der psychedelischen Erfahrung und wurde erst vor kurzem von neuen Konsumenten und Freizeitkonsumenten aufgegriffen. Die Verbreitung der Integration in der heutigen Welt der Psychedelika ist einer der Unterschiede zwischen dem vor allem auf Spaß ausgerichteten Konsum von Substanzen, und dem Konsum, der eher dem persönlichen Wachstum dient.

«Integration» mag wie ein abstrakter Begriff erscheinen, bis du «Desintegration» durch «Navigation» ersetzt. In seiner Definition als Verlust der Einheit oder Unversehrtheit oder des Zerfalls in Einzelteile, beschreibt «Desintegration» genau die Achterbahnfahrt durch gesteigerte Aspekte des Selbsts bis hin zum gefühlten Verlust der Identität oder des Ichs. Während das einfache Herunterkommen von der psychedelischen Erfahrung dem Selbst erlaubt, sich wieder zusammenzufügen oder ganz zu werden, bietet der Integrationsprozess die Möglichkeit, die vielen Teile deines Selbsts zu überprüfen, zu sortieren und neu zu ordnen. Die folgenden Schritte können dir helfen, deine transformative Erfahrung zu integrieren und ihr Potenzial zum Wachstum zu nutzen.

Teile deine Reise. Teile die Einzelheiten deiner Erfahrung mit, unabhängig von ihrer Intensität oder ihrem Ausgang. Selbst scheinbar unbedeutende Erfahrungen können zu wertvollen Einsichten und persönlicher Entwicklung führen. Ein Tagebuch für dich selbst anzulegen und mit Freunden oder Familienmitgliedern, die dich unterstützen, über deine Geschichte zu sprechen, kann dir dabei helfen, den Reflexionsvorgang weiterzuführen und das Heilungspotenzial in deiner Psyche zu festigen.

Denke daran, dass die Bedeutung deiner Erfahrung oft durch deine Interpretation und dein eigenes Verstehen geprägt ist.

Denke über deine ursprünglichen Intentionen nach. Überdenke deine ursprünglichen Ziele oder Intentionen, die du dir vor Antritt deiner Reise gesetzt hast. Selbst wenn die Erfahrung zunächst zusammenhanglos erscheint, nimm dir etwas Zeit, um die Verbindungen zu erforschen. Die Bedeutung deines Erlebnisses wird dir vielleicht klarer, wenn du es vor dem Hintergrund deiner ursprünglichen Intentionen betrachtest.

Erkenne die Themen der transformativen Erfahrung. Um tiefer in deine Erfahrungen einzutauchen, denke darüber nach, wie deine Reise dich körperlich, geistig, emotional und spirituell beeinflusst hat. Überlege, ob du das Gefühl hast, dass dein Selbstvertrauen und dein Selbstwertgefühl gewachsen sind und ob du Einsicht in den Sinn und Zweck deines Lebens gewonnen hast.

Suche dir professionelle Anleitung. Wenn es dir schwerfällt, deine Erfahrungen allein zu verarbeiten oder zu integrieren, solltest du dir die Hilfe eines professionellen Therapeuten, Beraters oder Coaches suchen. Fachleute, die in der Arbeit mit veränderten Bewusstseinszuständen und persönlichem Wachstum geschult sind, können dir wertvolle Einsichten, Unterstützung und Anleitung bieten. Professionelle Unterstützung ist zwar nicht für jeden notwendig, aber die Zusammenarbeit mit ausgebildeten Fachleuten ist für jeden von Vorteil.

Verwandlungen/Transformationen integrieren

Tiefgreifende Erfahrungen, perspektivverändernde Erkenntnisse und Momente der göttlichen Verbindung können unglaublich kraftvoll sein. Doch damit eine Psilocybin-Reise einen dauerhaften Einfluss auf dein Leben haben kann, musst du aktiv werden und etwas verändern. Auch wenn einige kleine Veränderungen auf natürliche Weise eintreten, ist es wichtig, diese Samen der Verwandlung zu erkennen, zu bestätigen und zu nähren. Andere Veränderungen mögen schwierig erscheinen, auch wenn sie simpel sind, wie zum Beispiel eine einfache Entschuldigung auszusprechen oder sich daran zu erinnern, einen geliebten Menschen zu kontaktieren. Denke daran, dass es hier keine Einheitsratschläge gibt – dein Weg ist einzigartig, und die Lektionen, die du lernst, werden es auch sein.

Veränderungen direkt nach einer Erfahrung umzusetzen, ist einfacher; nach der Rückkehr in den Alltag wird es immer schwieriger, sie beizubehalten. Außerdem können Herausforderungen, die früher erträglich waren, zu einer Überforderung heranwachsen. Vermeide es, reaktive Entscheidungen zu treffen oder aus Angst drastische Maßnahmen zu ergreifen.

Konzentriere dich stattdessen auf nachhaltiges Wachstum durch kleine, allmähliche Schritte außerhalb deiner Komfortzone. Beständigkeit und stufenweiser Fortschritt sind der Schlüssel zu dauerhafter Veränderung. Wenn einschneidende Veränderungen notwendig sind, ist es wichtig, mindestens eine Woche zu warten, bevor du dich zu einer größeren Entscheidung durchringst, die dein Leben verändert, wie zum Beispiel Heirat, Scheidung oder die Kündigung eines Jobs.

Vergiss nicht, dass nur deine innere Weisheit dich auf deinem Weg leiten kann. Auch wenn jede Reise einzigartig ist, gelten die folgenden Ratschläge für viele Erfahrungen:

- Fördere die Veränderungen, die sich natürlich und mühelos ergeben.
- Achte darauf, dass alle Veränderungen, die du vornimmst, willentlich und umsetzbar sind.
- Denke über die Lektionen, die du gelernt hast, nach, bevor du wieder Psilocybin nimmst.
- Erlaube neuen Gewohnheiten, sich mit der Zeit anzupassen, und finde das richtige Gleichgewicht für deren Dauerhaftigkeit.

Integrationszeitplan

Tag 1: Ruhe und Entspannung. In den Stunden und am Tag nach der Erfahrung ist es hilfreich, sich auf die persönliche Erholung auszurichten. Dazu können viel Schlaf, ein Waldspaziergang, nahrhaftes Essen und andere erholsame Dinge gehören.

Tage 1 bis 3: Nachklingen. Dies ist die Zeit, um einen umfassenderen Reflexionsprozess deiner Psilocybin-Erfahrung einzuleiten. Auch wenn ein längerer Zeitraum in Ordnung ist, solltest du dir allerdings bewusst sein, dass die Erfahrung sehr kurzlebig ist. Jetzt ist der Zeitpunkt, an dem du vielleicht einen besseren Blick auf das Leben hast und das Gefühl, dass ein «besseres Leben» greifbar ist. Sei dir im Klaren, dass dies nur eine Phase ist. Genieße es unbedingt, aber sei dir bewusst, dass sich dieses Gefühl nicht auf unbestimmte Zeit aufrechterhalten lässt. Halte diese Phase in Ehren und würdige den Pilz und dich selbst, indem du die Energie des Nachklingens erfasst und sie in kleine Schritte umwandelst, die dich zu einer besseren Version deiner Selbst führen werden.

1 bis 2 Wochen: Kehre zur Normalität zurück und mache deine Arbeit. Irgendwann werden die Nachwirkungen verblassen. Wenn der optimistische Schwung des Psilocybins fehlt, beginnt die wirkliche Arbeit. Hier kommen neue Rhythmen der Selbstfürsorge und des Ausgleichs ins Spiel. Du wirst vielleicht eine größere Feinfühligkeit für die Herausforderungen des Lebens entwickeln. Nutze dein erhöhtes Bewusstsein als Chance, um die Herausforderungen anzunehmen und passe deine Sichtweise, die Wahl deiner Umgebung und dein Handeln an.

1 Monat: neue Normalität. Wenn die Nachwirkungen verblasst sind, du mit deinen Hausaufgaben zugange bist und neue Muster festigst, ist der Zeitpunkt geeignet, um zu sehen, was sich seit der Reise verändert hat und woran du festhältst. Sind einige deiner ursprünglichen Absichten bereits in die Tat umgesetzt?

Darüber hinaus. Hoffentlich haben die Pilze geholfen und die Reise hat neue Aspekte des Bewusstseins aufgetan. Es gibt nicht den einen Weg, mit dem Verbündeten Psilocybin zu wachsen; er ist dazu da, deinen inneren Führer in dir zu erwecken. Achte darauf, ihn zu stärken, denn es ist leicht, die Kraft der Heilung außerhalb deiner selbst festzumachen. Im besten Fall regt Psilocybin den Heiler in dir selbst an, nicht, um dich zum Psilocybin zurückzuführen, sondern um dir zu helfen, zu dir selbst zurückzukehren. Widerstehe dem Instinkt, diese heilende Absicht auf die Menschen um dich herum zu projizieren. Stattdessen pflege das Geschenk eines gesünderen Selbsts. Die Arbeit an sich selbst ist immer am schwierigsten, aber sie macht sich am meisten bezahlt, und du hast sie selbst in der Hand.

Nahaufnahme der Lamellen eines *P.-cubensis*-Fruchtkörpers. Foto: L.G. Nicholas

Der Lebenszyklus des Pilzes

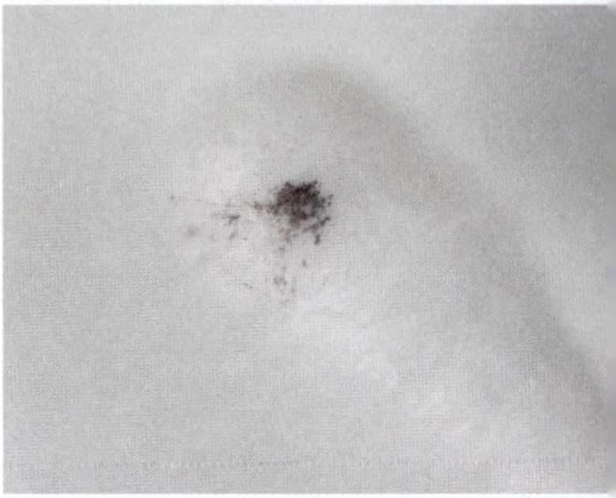

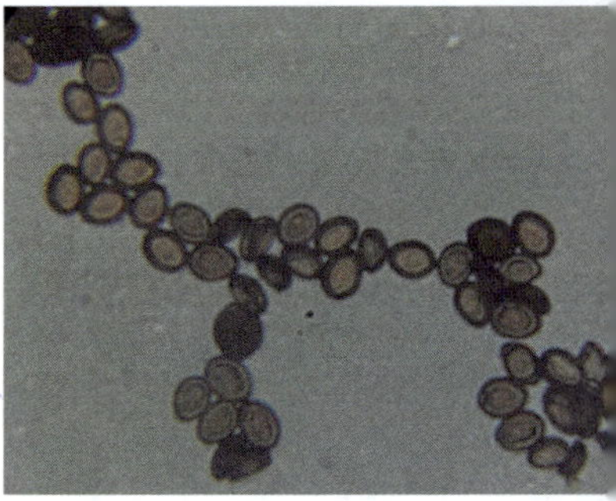

Oben: Die Lamellen des Pilzes enthalten die sporenproduzierende Struktur, die als Basidium bekannt ist. Durch ihre fächerartige Form fallen die mikroskopisch kleinen Sporen vom hoch aufragenden Pilz in die Luftströmungen darunter.

Mitte: Ein schneller Schlag über einen Sporenabdruck kann Tausende von Sporen auffangen, die für das Auge nur sichtbar werden, wenn sie zusammengeballt sind.

Unten: Unter dem Mikroskop werden diese sonst unsichtbaren Bündel genetischen Potenzials deutlich sichtbar. (Foto: Inoculate The World)

Sporen

Wenn Pilze mitten auf einem Feld im Regen aus einem Haufen Kuhmist wachsen können, wieso ist es dann so aufwendig, sie zuhause wachsen zu lassen? Die Vorstellung, dass es in der Natur keine große Anstrengung braucht, ist ein bisschen irreführend. Die Natur erledigt die Arbeit auf eine Weise, die wir nie nachahmen können. Ein einziger Pilz produziert Millionen von Sporen, Fortpflanzungszellen, die sich auf der Unterseite des Hutes befinden. In der Natur werden die Sporen vom Wind erfasst und in die Umgebung geweht, wo sie auf die idealen Wachstumsbedingungen warten. Ein Wildpilz verlässt sich auf eine riesige Menge an Sporen mit sehr geringen Erfolgsaussichten; als Anbauer verlässt du dich auf eine äußerst geringe Anzahl von Sporen und die Hoffnung auf eine hohe Erfolgswahrscheinlichkeit.

Die Sporen der meisten Pilze, einschließlich der Psilocybin-Pilze, sind haploid, das heißt, sie können sich ohne Paarung fortpflanzen. Eine Spore muss während der Keimung auf eine andere Spore treffen, das dauert in der Regel drei bis fünf Tage und lässt sich grob mit der Keimung eines Pflanzensamens vergleichen.

Hyphen und Myzel

Dieses Myzel, das in einer Petrischale wächst, gibt einen guten Einblick in das rhizomorphe Myzelwachstum. Allerdings muss es nicht so aussehen, um glückliche Pilze zu erzeugen.

Wenn keimende Sporen auf andere keimende Sporen stoßen, bildet sich eine fadenförmige Struktur aus. Dieses Netzwerk von Fäden oder Hyphen wird allgemein als Myzel bezeichnet. Sobald die Hyphen sich verbinden und ihre dynamischere Wachstumsphase einleiten, senden sie Hyphenfäden in alle Richtungen und breiten sich in drei Dimensionen aus.

Letztlich besteht die Aufgabe des Myzels darin zu wachsen, sich geeignete Lebensbedingungen zu suchen, brauchbare Energiequellen zu verarbeiten und so viel wie möglich von dieser Energie in die Weitergabe seiner Gene zu investieren. Während verschiedene Arten von Pilzen Myzelien mit unterschiedlichen Gewohnheiten und Lebenszyklen produzieren, folgen *Psilocybe cubensis* und ähnliche für den Heimanbau verwendete Pilze einem einzigen Weg von der Spore zur Frucht (dem Pilz) und verbrauchen schließlich die begrenzten Mittel, bevor sie zu Pilzkompost werden. Dieser Prozess wird als Kolonisierung bezeichnet. An dem Punkt, an dem das Myzel beginnt, sein Substrat (das Material, auf dem es wächst) vollständig zu besiedeln und nicht mehr einfach weiterwachsen kann, bereitet es sich darauf vor, Früchte zu tragen.

Primordien und Pinheads

Sobald das Myzel sein Substrat vollständig besiedelt hat, beginnt es mit der Produktion von Fortpflanzungsorganen, den Fruchtkörpern. Die erste Wachstumsphase wird in der Regel als Primordium bezeichnet, aus dem sich dann die Babypilze, Pinheads genannt, entwickeln, die erkennbar werden. Dieser Prozess beginnt mit unglaublich kleinen Punkten des Myzels, den Hyphenknoten. Unter der Oberfläche verweben sich dic einzelnen Hyphenstränge miteinander und formen den Geburtsort der Pilze.

Die Bildung von Pinheads markiert die erste Entstehung des Pilzes. Sobald die Primordien ein wenig reifen und die Form winziger Pilze annehmen, werden sie als Pinheads bezeichnet. In einigen Fällen tauchen diese kleinen Pinheads hier und da auf, und in anderen Fällen bedecken sie fast die gesamte Oberfläche; in der Regel sind sie einigermaßen gleichmäßig über die Oberfläche des Myzels verteilt. Oft, wenn es viele dieser kleinen Pinheads gibt, entwickeln sich nur einige von ihnen zu voll ausgereiften Pilzen. Wenn es nur wenige Pinheads gibt, werden mit größerer Wahrscheinlichkeit die meisten oder alle zu Pilzen.

Hier sehen wir das Entstehen von Primordien, kleinen weißen Pünktchen, den sogenannten Pins, die etwas reiferen Myzelbläschen und sogar sehr kleine Pilze, die langsam Gestalt annehmen.

Reifung

Je nach Sporensorte, Temperatur, Feuchtigkeit, Frischluftaustausch und anderen Faktoren kann die Zeit zwischen dem Einsetzen und der vollständigen Reifung drei bis fünf Tage oder sieben bis zehn Tage oder manchmal auch länger dauern. Drei bis zehn Tage sind jedoch eine realistische Zeitspanne.

Das Wachstum des Pilzes in dieser Zeit genau zu beobachten, zahlt sich wirklich aus. Man kann die Pilze leicht auch schon nach einem einzigen Tag über den optimalen Reifegrad hinauswachsen lassen. Wenn die Pinheads zu reifen beginnen, entwickelt der Pilz eine zweifarbige Zeichnung auf dem Pinhead. Du kannst davon ausgehen, dass diese Myzelmasse täglich doppelt so groß wird. Zunehmend werden Hut und Stiel zu eigenständigen Teilen des Pilzes, wobei sich der Stiel verlängert und der Hut wie ein sich aufblähender Ball am Ende des Stiels aussieht.

Wenn sich der Pilz der vollen Reife nähert, beginnt der weiße Rand, der Hut und Stiel verbindet, sich abzuheben und die kugelförmige Form wird eher untertassenförmig. Das ist normalerweise der Zeitpunkt für die Ernte des Pilzes, bevor der Rand zwischen Stiel und Hut zu brechen beginnt. Wenn das Verbindungsgewebe oder der Schleier reißt, öffnen sich die

Die Reifung ist ein allmählicher Prozess, bei dem sich der Hut langsam anhebt, während sich der Stiel des Pilzes ausdehnt. Die Sporenbildung beginnt, wenn sich die Hülle ausdehnt und aufbricht und die Lamellen zum Vorschein kommen.

Diese Fotos zeigen den Reifeprozess in einem Behälter während sieben Tagen.

Ränder des Hutes zügig, und die Sporen beginnen aus den Rillen unter dem Hut herauszufallen.

Sporenbildung

Geht dem Myzel der Platz zum Wachsen aus, wechselt es von der Kolonisierung zur Fruchtbildung. Während die Bildung von Sporen ein schöner Prozess ist, der für die Fortführung des genetischen Potenzials unerlässlich ist, wird er im Allgemeinen für den durchschnittlichen Anbauer problematisch.

Wenn die Lamellen vollständig freigelegt sind, kannst du alsbald mit Sporen zu rechnen.

Lässt man die Sporen abfallen, so besteht das Problem, dass sie anfangen, die Pilze und das Innere des Pilzbehälters zu überziehen. Die Pilze werden in der Regel auch größer, aber das ist nur das Wassergewicht. Falls du keine weiterführenden, in diesem Buch nicht behandelte Maßnahmen ergreifen möchtest, wie zum Beispiel die Herstellung eigener Sporenspritzen, ist es am besten, die Sporenbildung zu vermeiden, indem du die Pilze erntest.

Die Kultivierung

Stammkultur: Sporen oder Flüssigkultur

Anfänger verwenden in der Regel entweder eine Sporenspritze oder eine Flüssigkultur-Spritze, um das Myzelwachstum in Gang zu bringen. Letztlich beginnt jedes Myzel mit einer Spore, das bedeutet aber nicht, dass bei jedem Anbauprojekt ein Sporenstarter verwendet wird. Die Flüssigkultur ist der einfachere und narrensichere Ausgangspunkt für das Myzel. Ihr Hauptvorteil ist die einfache Ausdehnung und Vermehrung; der Nachteil ist, dass Verunreinigungen sehr leicht durchschlüpfen können. Allerdings sind beide Arten der Spritze – Sporen- oder Flüssigkultur – eine gute Wahl, solange sie von einem seriösen Anbieter stammen.

Sporenspritze

Eine Sporenspritze enthält zehn bis zwölf cm^3/ml steriles Wasser mit darin schwimmenden Sporen. Die benötigte Menge an Sporen ist relativ gering, und das Aussehen des Wassers kann von fast klar mit einigen kleinen schwarzen Flecken bis fast schwarz reichen. Da nur wenige dieser mikroskopisch kleinen Sporen nötig sind, um Erfolg zu haben, lass dich von einer spärlich gefüllten Spritze nicht entmutigen; sie wird in der Regel genauso gut funktionieren wie eine vollere Spritze. In der Vergangenheit waren Sporenspritzen anfällig für Verunreinigungen, aber da sich die mykologischen Praktiken immer weiter verbessern, bekommt man heutzutage viel eher eine völlig saubere Sporenspritze.

Sporen haben zwei wichtige Eigenschaften, die zu beachten sind: Sie benötigen einige Tage, um zu keimen, bevor sie ein Myzel bilden, und sie liefern unbeständige Ergebnisse. Dennoch sind sie seit einigen Jahrzehnten der Ausgangspunkt für Neuanbauer.

Was die legale Seite betrifft, so sind Sporenspritzen weit verbreitet, da sie kein Psilocybin enthalten. Obwohl sie die Fähigkeit haben, in der Myzelphase des Wachstums Psilocybin zu produzieren, verbieten die meisten Psilocybin-bezogenen Gesetze lediglich die Substanz selbst, sodass die Sporen in den meisten Gegenden einen Freifahrtschein haben. Allerdings sind Sporenspritzen in Idaho und Georgia verboten. Bis vor kurzem galten sie in Kalifornien aufgrund der strengen Agrarpolitik als verboten, aber immer mehr Anbieter haben Lieferungen nach Kalifornien geschickt, ohne negative Erfahrungen zu machen. Es wird angenommen, dass das kalifornische Gesetz veraltet ist oder einfach nicht durchgesetzt wird.

Flüssigkulturspritze

Spritzen mit Sporen und Spritzen mit Flüssigkultur stehen im Mittelpunkt. Während die Sporenspritzen Sporen in sterilem Wasser enthalten, befindet sich in den Flüssigkulturspritzen die gleiche Menge (zehn bis zwölf cm^3/ml) Nährbouillon und Myzel. Die Kultur hat in der Regel ein wolkenartiges Aussehen mit Hyphenfäden, die in der Spritze verteilt sind.

Bis vor kurzem waren diese Kulturen ausschließlich ein Produkt für Heimzüchter und für den Untergrundmarkt, weil man wusste, dass sie Psilocybin-haltiges Myzel beinhalten und deshalb illegal sind. Mit den Fortschritten in der Testtechnologie gibt es immer mehr Beweise, dass viele Pilzstämme nicht nachweisbare Mengen an Psilocybin im flüssigen Kulturzustand erzeugen. Zu den mutigen Verkäufern, die sich dem System widersetzen, gehören diejenigen, die mit Testlabors zusammenarbeiten, welche begonnen haben, Spritzen mit Flüssigkulturen zu verkaufen, die nicht positiv auf Psilocybin getestet wurden. Es bleibt die Frage: Wie ist der legale Status von Flüssigkulturen? Die Antwort wird sich mit der Zeit herausbilden.

Die Umstellung auf Flüssigkulturen ist zwar eine große Sache auf dem Psilocybin-Markt, doch die Flüssigkultur ist in der Tat bei traditionellen Speise- und Medizinalpilzen schon seit langem Standard. Die Bevorzugung von Sporen gegenüber Flüssigkulturen ist nur auf ihre Legalität zurückzuführen. Die Vorteile der Flüssigkultur liegen auf der Hand: Sie werden unter Verwendung erstklassiger steriler Techniken erzeugt, ihre Genetik wurde für optimale Wachstumseigenschaften weiter verfeinert, und sie haben einen Vorsprung, weil sie bereits Myzel enthalten.

Vorteile der Flüssigkultur gegenüber Sporenspritzen

- Erheblich schnelleres Wachstum
- Gleichmäßigere Pilzproduktion
- Größere Ausbeute an Pilzen
- Sauberere Ausgangslage und geringeres Risiko der Verunreinigung

Brut

Sobald du weißt, welches deine Stammkultur sein wird, geht es darum, sie zu vermehren. Die gängigste Methode ist das Spritzen der Kultur in steriles Getreide. Die in diesem Buch vorgestellte Methode sieht die Verwendung von gewöhnlichen Kochbeuteln mit vorgegartem braunem Reis aus einem Lebensmittelladen vor.

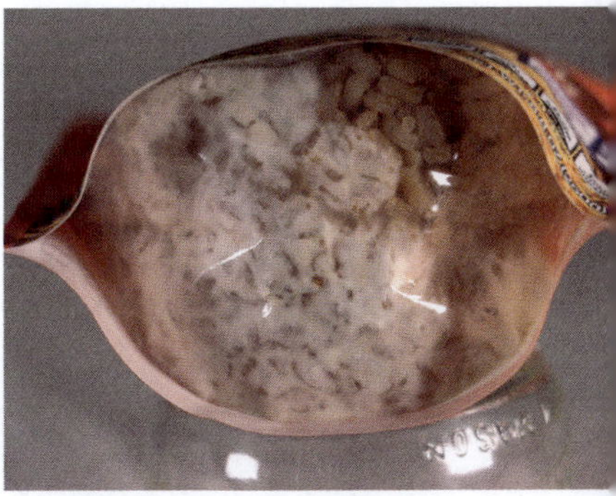

In der Welt der Pilzzucht kann man Pilzbrut auf fast jeder Art von Getreide und weiteren Materialien erzeugen. Dieses Foto zeigt die Verwendung von vorgekochtem Reis als Pilzbrut im eigenen Beutel.

Wird eine Stammkultur auf das Getreide gebracht, beginnt das Myzel, sich auszubreiten und das gesamte Getreide zu vereinnahmen, in einem Vorgang, der als Myzelisierung oder Kolonisierung bekannt ist. Es wird Getreide für diesen Vorgang verwendet, weil es reich an Nährstoffen und Zucker ist, Feuchtigkeit gut hält und eine ausgeprägte Struktur mit Luftzwischenräumen aufweist, die das Myzel beherbergen. Dieses Umfeld ist ein idealer Lebensraum für das sehr schnell wachsende Myzel. Und wenn du vorgekochten Reis verwendest, entfällt nicht nur das Kochen, sondern es entfallen auch das Trocknen, Einlegen, die Vorbereitung der Glasdeckel, das Sterilisieren und andere mühsame Schritte bei der Herstellung deiner eigenen Brut.

Ist die Stammkultur erst einmal im ganzen Getreide gewachsen, ist außer einem glitzernden weißen Myzel kaum etwas zu sehen. Das ist der Zeitpunkt, an dem sie für den Übergang zur nächsten Phase des Vorgangs bereit ist: Schüttsubstrat.

Schüttsubstrat

Diese Arbeit verbindet die brauchbarste Brut mit Kokosfasern, dem einfachsten Schüttsubstrat, und ist dadurch besonders benutzerfreundlich.

Im Vergleich zu Brut ist Schüttsubstrat weit weniger nahrhaft, wird in größeren Mengen verwendet und dient eher der Befeuchtung und Strukturbildung denn als Nahrungsquelle. Viele Pilze werden auf Hartholzsägemehl oder Stroh gezüchtet. *Psilocybe cubensis* werden oft als Dungliebhaber bezeichnet, aber sie können auch auf einer Vielzahl anderer Substrate gezüchtet werden, darunter Kokosfasern oder dem klassischen CVG, einer Mischung aus Kokosfasern, Vermiculit und Gips. Der Anbau auf nährstoffreichen Substraten, wie einer Düngermischung, kann einige Vorteile für deine Ernte oder die Wirksamkeit haben, aber das Risiko einer Verunreinigung ist größer.

Schüttsubstrate werden mit Brut in unterschiedlichen Verhältnissen kombiniert, normalerweise zwischen einem Teil Brut zu einem Teil Schüttgut und einem Teil Brut zu vier Teilen Schüttgut (das heißt zwischen 1:1 und 1:4). Je nährstoffreicher das feste Substrat ist, desto weniger zusätzliche Nährstoffe werden vom Getreide benötigt. Das bedeutet, dass einfachere Schüttsubstrate wie Kokosfasern ähnliche Ergebnisse erzielen können, indem du das Verhältnis von Brut zu Substrat erhöhst. Du kombinierst Substrat und Brut in einem Behälter und lässt die Mischung (von nun an «Kuchen» genannt) bis zur Fruchtbildung stehen.

Fruchtbildung

Stell dir Pilze so vor, wie du dir vielleicht Äpfel vorstellst. Pilze sind die Frucht des Myzels, ähnlich wie Äpfel die Frucht eines Apfelbaums sind. Deshalb ist es in der Pilzwelt weit verbreitet, Pilze als Fruchtkörper oder Früchte und den Wachstumsvorgang von Pilzen aus dem Substrat als Fruchtbildung zu bezeichnen.

Reinhaltung

Du hast vielleicht schon gehört, dass der Anbau von Pilzen schwierig ist, weil es zu Verunreinigungen kommen kann. Das ist eine zutreffende Aussage und eine wichtige Erkenntnis für deinen Fortschritt durch dieses Buch. Eine saubere Technik ist zwar entscheidend für deinen Erfolg, doch das ganze Buch ist rund um einfache Vorgänge aufgebaut, die einen sauberen Arbeitsablauf so einfach wie möglich machen. Du brauchst kein Labor und musst kein Wissenschaftler sein, um deine ersten mykologischen Versuche erfolgreich und frei von Verunreinigungen durchzuführen. Für einen sauberen Anbau solltest du dich auf vier Bereiche konzentrieren: deine Umgebung, dich als Anbauer, deine Arbeitsmaterialien und deine Stammkultur.

Checkliste

- Bestimme den besten möglichen Arbeitsplatz und bereite ihn vor.
- Sorge dafür, dass die Luft in deinem Arbeitsbereich mindestens 15 Minuten lang ruhig steht.
- Stelle sicher, dass du selbst und deine Kleidung sauber sind.
- Binde lange Haare zurück.
- Nimm Schmuck und Accessoires ab und lege sie weg.
- Ziehe Latexhandschuhe und eine Maske an.
- Reinige deine Hände mit 70-prozentigem Isopropylalkohol (IPA).
- Desinfiziere deine Arbeitsfläche und deine Arbeitsmaterialien mit IPA.
- Stelle sicher, dass du alle Materialien griffbereit hast.
- Bewege dich behutsam, um eine Bewegung der Luft zu vermeiden.
- Verwende eine Stammkultur aus einer vertrauenswürdigen Quelle.

Deine Umgebung

Wo wirst du deine Pilze züchten? Du kannst sie in deinem Schlafzimmer, im begehbaren Kleiderschrank, im Bad, in der Küche oder in verschiedenen Räumen anziehen – vielleicht arbeitest du im Badezimmer an deinen Anbauprojekten und lässt das Myzel bis zur Fruchtbildung in einem Schrank brüten. Achte darauf, auf welchen Oberflächen du arbeiten wirst; sie sollten leicht zu reinigen und häufig zu desinfizieren sein.

Hinterhof. Nein, arbeite nicht im Freien. Der Hinterhof ist nur auf dieser Liste, um zu zeigen, wovon du dich fernhalten solltest. Schon eine leichte Brise reicht aus, dass ein paar wilde Sporen einfliegen und deine Arbeit ruinieren. Du solltest niemals das sich ansiedelnde Myzel im Freien lassen, wo die Bedingungen unvorhersehbar sind. Wenn du nach der in diesem Buch beschriebenen Pilzzuchtmethode vorgehst, arbeitest du immer in Innenräumen, weg von bewegter Frischluft.

Schlafzimmer. Ein Schlafzimmer scheint ein guter Ort zum Arbeiten zu sein. Schlafzimmer lassen sich völlig abschotten. Das Hauptproblem ist, dass sie oft voll von Materialien sind, die wie Bettwäsche, Teppiche, Vorhänge und Kleidung einen großen Staubmagneten darstellen. An schönen Tagen sind vielleicht Fenster oder Türen geöffnet. Unter den meisten Umständen ist dies nicht der beste Ort, um ein Pilzzuchtprojekt in Angriff zu nehmen.

Begehbarer Kleiderschrank. Wie ein Schlafzimmer kann auch ein Kleiderschrank voller Stoffe und anderer Gegenstände sein, in denen sich mögliche Schadstoffe ansammeln können. Ein sorgsam geschlossener Schrank hat jedoch in der Regel sehr wenig Luftbewegung und ist besser zu kontrollieren. Ein Schrank ist eine gute Wahl sowohl für die Arbeit am Pilzzuchtprojekt als auch für die Bebrütung und die Fruchtbildung.

Küche. Dieser Teil der Wohnung hat Vor- und Nachteile. Die Küchenablage kann eine sehr gute und leicht zu desinfizierende

Arbeitsfläche sein. Der Nachteil ist das Risiko der häufigen Benutzung. Deine Küche könnte eine gute Wahl sein.

Badezimmer. Ein Badezimmer mit einer Dusche ist ein idealer Ort, um dein Pilzzuchtprojekt anzufangen, solange es eine Arbeitsplatte gibt, auch wenn sie nur notdürftig ist. Es bietet viele Vorteile, denn es ist ein kleiner, privater Raum, in dem man leicht die Luft zur Ruhe bekommt und der einfach zu reinigen und zu desinfizieren ist.

In der Dusche kannst du dich reinigen, bevor du mit deinem Vorhaben beginnst. Genauso wichtig ist, dass der Wasserdampf der Dusche feste Partikel in der Luft bindet. Schalte die Abluft nicht ein. Wenn sie über denselben Schalter wie das Licht geregelt wird, decke ihn mit einer Plastiktüte ab, um einen Luftstrom zu verhindern.

Die Kombination aus Bad, Dusche und Wasserdampf wird schon seit langem als Badezimmermethode bezeichnet. Sie ist sehr effektiv. Dieses Maß an Sauberkeit ist für die in diesem Buch beschrieben Methoden übertrieben. Aber die sauberere Wahl ist die bessere Wahl.

Besonders sauber: Die Badezimmermethode

Es gibt Situationen, die mehr erfordern als einen Raum mit ruhiger Luft. Tierhaare und andere Allergene schweben in der Luft und erhöhen das Risiko einer Verunreinigung. Die Badezimmermethode hat schon Millionen von Pilzzuchtprojekten gerettet. Alles, was es braucht, ist ein Badezimmer mit einer Dusche und einem Arbeitsbereich.

- **Entferne Handtücher und Teppiche, staube alle Oberflächen ab und fege oder sauge den Boden.**
- **Lasse die Luft zur Ruhe kommen. Wenn du einen Abluftventilator hast, der sich mit dem Licht einschaltet, decke ihn mit einer leichten Plastiktüte oder etwas Ähnlichem ab.**
- **Die Dusche leistet in mehrfacher Hinsicht gute Dienste. Stelle das heiße Wasser an und setze das ganze Badezimmer unter Dampf.**

- Wenn der Dampf dicht und nebelig wird und den Raum ausfüllt, reduziere die Wassertemperatur und nimm selbst eine kurze Dusche.
- Die Wasserdampfpartikel binden die Staubpartikel in der Luft. Wenn die Luft abkühlt, setzt sich der Wasserdampf zusammen mit den Partikeln und Verunreinigungen ab. Mit geringem Aufwand hast du die Luft in deinem Badezimmer vollständig gereinigt!
- Ziehe frisch gewaschene Kleidung an.
- Trage eine chirurgische Maske und Einweghandschuhe.
- Wische Oberflächen und Werkzeuge mit 70-prozentigem Isopropylalkohol ab.
- Mach dich an die Arbeit!

Arbeitsfläche

Achte darauf, dass dein Anzuchtbereich eine saubere Arbeitsfläche hat. Behandelte Oberflächen, wie versiegeltes Holz, Granit, Kunststoff und Fliesen, sind gut geeignet. Vermeide alles Absorbierende wie Stoff oder unbehandeltes Holz; diese lassen sich nur schwer desinfizieren. Wenn du Probleme hast, eine gute Oberfläche zu finden, kannst du eine saubere Mülltüte oder eine andere Plastikfolie mit Klebeband auf der Oberfläche befestigen. Bevor du mit deiner Arbeit beginnst, desinfiziere stets die Arbeitsfläche, indem du sie mit 70-prozentigem Isopropylalkohol absprühst.

Bringe deinen Arbeitsplatz auf Vordermann

- Du kannst deinen Arbeitsbereich verbessern, indem du aufräumst.
- Entferne unnötige Unordnung.
- Wische oder sauge den Boden.
- Entferne Textilien.
- Lasse einen Luftfilter in deiner Wohnung oder im Arbeitsbereich laufen.
- Lasse die Luft mindestens 15 Minuten lang zur Ruhe kommen, bevor du in dem Raum arbeitest.

Ruhige Luft

Ruhige Luft ist dauerhaft von Vorteil und erwünscht, denn Luft ist das Medium, durch das Verunreinigungen ihren Weg in ein Pilzzuchtprojekt finden. Genauso wie sich Schmutz auf natürliche Weise am Boden eines Glases mit trübem Wasser absetzt, setzen sich die Verunreinigungen mit der Zeit ab. Die Luftbewegung wirbelt Staub und andere Verunreinigungen auf, die sich in der Umgebung verteilen. Ein Weile Ruhe sorgt dafür, dass sie sich absetzen. Sorge mindestens 15 Minuten lang für völlig ruhige Luft, bevor du mit der Arbeit an einem Pilzzuchtprojekt beginnst. Schließe die Fenster und verschließe die Lüftung oder schalte sie aus.

Behälter für ruhige Luft. Wenn deine Umgebung besonders schmutzig oder die Arbeit darin schwierig ist, solltest du vielleicht einen Luftfilter verwenden. Der Aufbau ist einfach: Ein einfacher durchsichtiger Behälter dient als zweiter Puffer gegen mögliche Luftbewegungen. In der Vergangenheit verstand man diese Methode als etwas, das mit einem gewissen Aufwand verbunden ist, indem man runde Grifflöcher aus den Seiten des Behälters herausschmilzt oder schneidet. Zum Glück ist ein unbearbeiteter Behälter zur Luftberuhigung mit weniger Aufwand verbunden und funktioniert genauso gut.

Verwendung eines unbearbeiteten Behälters zur Luftberuhigung:

- Besorge dir einen durchsichtigen Plastikbehälter, etwa 56 Liter oder größer.
- Nimm den Deckel ab und desinfiziere die Innenseite des Behälters mit 70-prozentigem IPA.
- Stelle den Behälter mit dem Kopf nach unten auf eine desinfizierte Arbeitsfläche. In der Regel gibt es eine lange und eine kurze Seite des Behälters, und du kannst wählen, was für dich am besten ist – unter Beachtung, dass die kurze Seite etwas weniger Luft durchlässt und die allgemeine Sauberkeit etwas verbessert.
- Stelle den Behälter so auf, dass er über dem Rand deiner Arbeitsfläche hängt und genug Platz hat (etwa 15 cm), damit du deine Arme bequem darin bewegen kannst.

- Klebe ein Stück Abdeckband oder ein anderes stabiles, nicht abfärbendes Klebeband an die hintere Ecke, um den Behälter an seinem Platz zu sichern und einen kleinen Scharnier zu bilden, falls du den Behälter aus irgendeinem Grund anheben musst.
- Du wirst den Behälter nur im ersten Teil des Pilzzuchtprojekts brauchen, wenn du die Stammkultur in die Reisbeutel gibst. Du willst sie danach vielleicht noch weiterverwenden, aber das ist nicht so wichtig.

Jetzt geht's um dich

Jetzt ist es an der Zeit, dich ins Spiel zu bringen. Denn du bist schmutzig. Es geht nicht darum, wie oft du badest, sondern darum, dass die kleinen Staubteilchen und Sporen, die durch die Luft fliegen, bedeuten, dass jeder Atemzug, den du machst, eine gewisse Menge an Umweltschadstoffen enthält. Für die meisten Menschen ist das kein Problem, denn wir haben ein Immunsystem, das sich dagegen wehren kann, aber das ist beim extrem anfälligen Reis, auf dem das Myzel wächst, nicht der Fall. Die folgenden Punkte sind in der ersten Phase des Anbaus am wichtigsten, sollten aber auch in den anderen Phasen beachtet werden.

Gesichtsmaske. Als Anbauer willst du dein Bestes tun, um die Luft vor deinem Atem ruhig zu halten. Am besten ist eine Stoff-, OP- oder N95-Maske.

Bewegung. Mache dir Gedanken, wie du dich durch einen Raum bewegst. Die sinnvoll eingesetzten 15 Minuten Wartezeit zur Beruhigung der Luft kannst du zunichte machen, indem du schwungvoll eine Tür öffnest und eine Luftwelle durch den Raum jagst. Öffne die Tür stattdessen langsam und vorsichtig, am besten gar nicht. Besser ist es, wenn du alle deine Materialien im Raum hast, die Tür schließt und dann mit der Vorbereitung beginnst. Du kannst deinen Erfolg fördern, indem du dich achtsam durch den Raum bewegst und alle deine Materialien griffbereit zur Hand hast.

Körper und Kleidung. Sei dir dessen bewusst, was dein Körper und deine Kleidung in den Raum tragen können. Sich vor Beginn der Arbeit zu duschen und saubere Kleidung anzuziehen, ist von Vorteil. Wenn du dich für die Badezimmermethode entscheidest, betrachte sie als eine Methode, bei der Kleidung nicht unbedingt nötig ist.

Haare. Wenn du lange Haare hast, binde sie einfach zurück, sodass sie aus dem Weg sind.

Schmuck und Accessoires. Trage Einweghandschuhe oder waschbare Gummihandschuhe. Um zu vermeiden, dass sie reißen, entferne alle Ringe von den Fingern. Armbänder, die in die Handschuhe gesteckt werden können, sind in Ordnung, aber ansonsten solltest du alles von deinen Handgelenken entfernen.

Hände. Wenn du aus irgendeinem Grund keine Einweghandschuhe benutzen kannst, solltest du deine Hände vor der Arbeit gründlich waschen; auch deine Handgelenke und Unterarme sollten mit einbezogen werden. Es ist wichtig, dass du deine Hände (mit oder ohne Handschuhe) und deine Arbeitsmaterialien regelmäßig mit 70-prozentigem Isopropylalkohol einsprühst. Wenn du auf das Tragen von Handschuhen verzichtest, werden deine Hände brennen, falls du Schnitte oder Kratzer in der Haut hast.

So reinigst du deine Hände schnell und gründlich mit Isopropylalkohol aus einer Sprühflasche:

- Gib zwei oder drei Sprühstöße in die Handfläche einer Hand.
- Lege deine Hände zusammen und verreibe den Alkohol auf deinen Handflächen, deinen Handrücken und zwischen deinen Fingern. Du solltest alles vollständig benetzen.
- Gib zwei oder drei Sprühstöße in die Handfläche einer Hand und reinige das andere Handgelenk und den Unterarm.
- Wiederhole den Vorgang für Handgelenk und Unterarm der Gegenseite.
- Lasse den Alkohol kurz verdunsten, bevor du mit deiner Arbeit beginnst.

Deine Materialien

Inzwischen ist es kein Geheimnis mehr, dass 70-prozentiger Isopropylalkohol ein ständiger Begleiter in der Welt der Pilzzucht ist. Er ist dein bester Schutz gegen Verunreinigungen aus der Umgebung, denn er desinfiziert Oberflächen schnell und effektiv und dringt tief in die Zellwände und Membranen von Organismen ein. Nach der Verdunstung wandelt der Alkohol den Organismus von Grund auf um, tötet ihn oder macht ihn zumindest nicht überlebensfähig. Die Wirkung von 70-prozentigem IPA liegt eigentlich in den 30 Prozent, die aus Wasser bestehen. Dieses besondere Mischungsverhältnis gewährleistet am besten das tiefe Eindringen in den Organismus vor der raschen Verdunstung des Alkohols, verwende also 70-prozentigen und nicht 90- oder 50-prozentigen Isopropylalkohol.

Um die gesamte Oberfläche zu benetzen, lässt sich IPA am besten mit einer Sprühflasche und einem Papiertuch auftragen. Du kannst auch nur die Sprühflasche verwenden, aber ein mit Alkohol getränktes Papierhandtuch unterstützt die Verteilung des aufgesprühten Alkohols auf der Oberfläche.

Nadeln. Die Stammkulturen werden in einer sterilen Spritze mit einer sterilen Nadel geliefert. Sobald du die Nadel in Gebrauch nimmst, musst du sie ziemlich oft sterilisieren. Manche Züchter haben Erfolg, wenn sie nur 70-prozentigen IPA zur Reinigung der Nadeln verwenden, aber Standard ist die Sterilisation über einer offenen Flamme. Siehe dazu den Abschnitt zur Flammen-Sterilisation der Spritzenkanüle im Abschnitt zu den Verfahren der zweiten Phase.

Kokosfasern. Es ist nicht nötig, die Kokosfasern (das Substrat, das in der zweiten Phase des Pilzzuchtprojekts ins Spiel kommt) mit Alkohol zu reinigen. Kokosfasern sind sehr resistent gegen Verunreinigungen, vor allem, wenn man sie als gepressten Block kauft, der zur Erhöhung der Sauberkeit durch Hitze zusammengepresst wurde. Nach dem Befeuchten mit kochendem Wasser lässt sich Kokosfaser als steril genug für ein Pilzzuchtprojekt betrachten.

Deine Stammkultur

Sauberkeit ist das A und O für deine Stammkultur, obwohl der Stamm selbst leicht als mögliches Risiko übersehen werden kann. Du hast zwar wenig Kontrolle über die Sauberkeit der online bestellten Stammkulturen, kannst sie aber immerhin von einer vertrauenswürdigen Quelle beziehen. Weitere Informationen zu Sporenspritzen und Flüssigkulturspritzen, dem einfachsten Ausgangspunkt für Anfänger, findest du im Abschnitt zum Lebenszyklus der Kultivierung und zur Stammkultur im Kapitel zu den Materialien der ersten Phase.

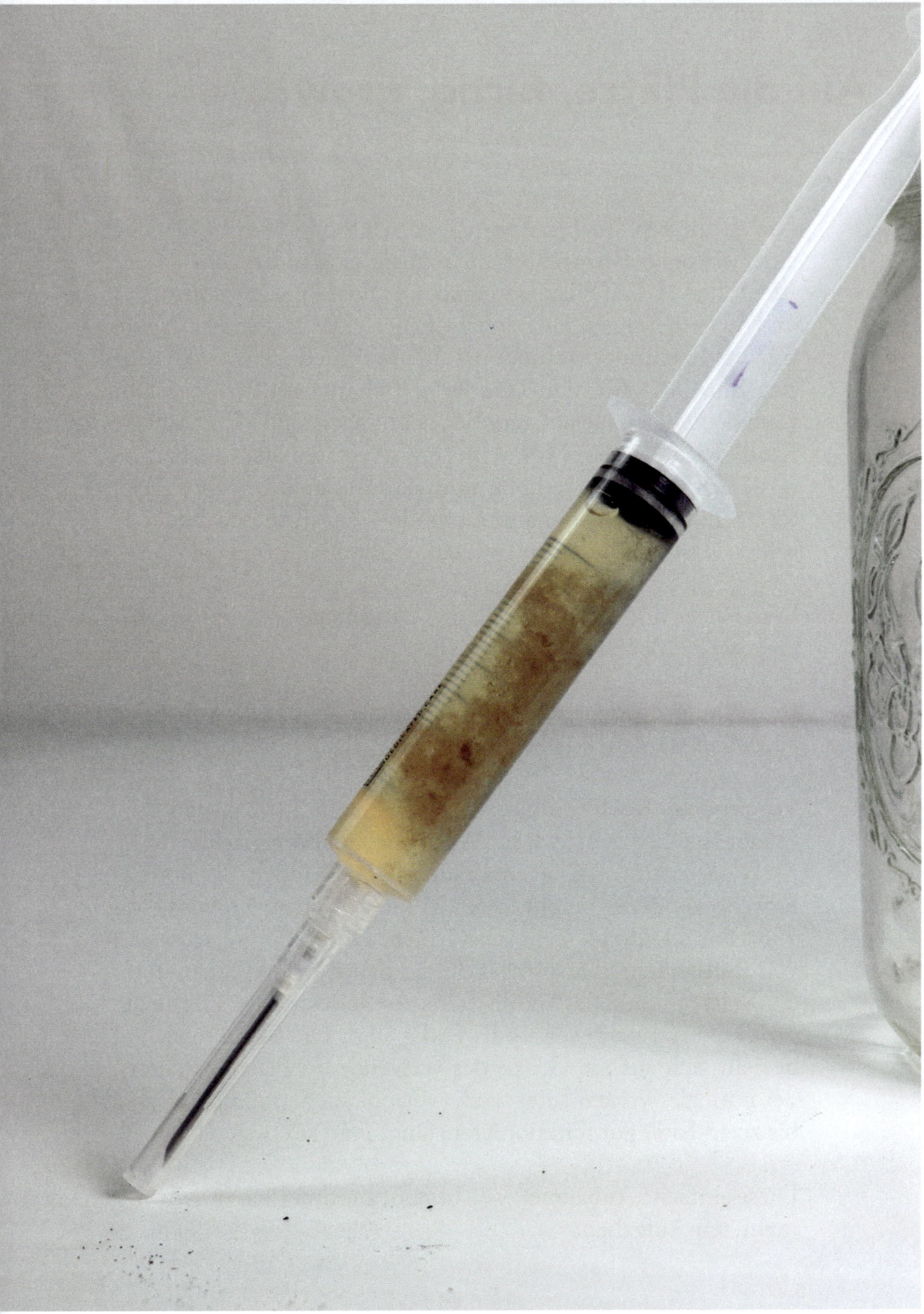

Flüssigkulturspritze

Auf die Plätze, fertig, grow!

Die in diesem Buch beschriebene Methode lässt sich nicht einer einzigen Person zuschreiben; sie ist das Ergebnis vieler Menschen in der Pilzzuchtgemeinde, die kleine Ergänzungen und Verfeinerungen eingebracht haben. Der treffendste Name für diese zentrale Methode ist «Unmodified Precooked Rice Bag Shoebox» (dt.: Unveränderter Behälter mit vorgegartem Kochbeutelreis). Geläufigere Bezeichnungen sind «Unmodified Ready Rice Shoebox» (dt.: Unveränderter Behälter mit Fertigreis), Uncle-Ben's-Methode und «Unmodified Shoebox Tek» (dt.: Unveränderte Behältermethode). Zu all diesen Suchbegriffen lässt sich mehr im Internet erfahren.

Was hat es mit der Methode des *Unveränderten Behälters mit vorgegartem Kochbeutelreis* auf sich?

Unverändert bedeutet, dass am Plastikbehälter, in dem die Pilze gezüchtet werden, keine Änderungen vorgenommen werden.

Vorgegarter Kochbeutelreis beschreibt eine Vielzahl von Produkten, bei denen es sich im Wesentlichen um Einzelportionspackungen mit vorgegartem braunem Reis handelt, der normalerweise vor dem Verzehr in der Mikrowelle erwärmt wird – du wirst ihn allerdings nicht aufwärmen. Durch die Verwendung von Reisbeuteln überspringst du die Schritte zur Vorbereitung des Reiskorns und des Sterilisierens des Reises, die bei Pilzzuchtprojekten normalerweise notwendig sind. Die Schuhschachtel bezieht sich auf die Größe des verwendeten Plastikbehälters, der normalerweise 6 Liter fasst. Obwohl auch größere Behälter bis zu 15 Liter gut funktionieren, fängt man am besten klein an.

Diese einfache Anbaumethode besteht aus drei Phasen, jede mit mehreren Aufgaben:

Phase 1: Besiedlung von vorgegartem Kochbeutelreis

- Schaffe Öffnungen für den Luftaustausch.
- Zerbrich den fest verpackten Reis.
- Injiziere die Stammkultur.
- Halte die Beutel während des Besiedlungsprozesses zwei bis vier Wochen lang warm und sorge für ruhige Luft.

Phase 2: Erweiterung der Reisbeutel zu Schuhkartons

- Wiege und zerbrich die Kokosfasern.
- Gieße kochendes Wasser über die Kokosfasern.
- Zerkleinere den besiedelten Reis.
- Mische den besiedelten Reis mit den abgekühlten Kokosfasern.
- Halte den Behälter während des Besiedlungs- und Fruchtbildungsprozesses zwei bis vier Wochen lang warm und sorge für ruhige Luft.

Phase 3: Ernte, Lagerung und fortlaufende Pflege

- Wähle reife Pilze aus und ernte sie.
- Dehydriere die geernteten Pilze, bis sie knochentrocken sind.
- Lagere die getrockneten Pilze richtig, damit sie lange haltbar sind.
- Reinige den Kuchen nach der Ernte.

Allgemeiner Zeitplan

- **Beimpfung und Besiedlung der Reisbeutel**
  Flüssigkultur: etwa zwei Wochen
  Sporenspritze: etwa drei Wochen
- **Ausbrüten auf Kokosfasern, Myzelisierung und Austreiben: etwa drei Wochen**
- **Reifung und Fruchtbildung: etwa eine Woche**
- **Gesamtdauer des Wachstums**
  Flüssigkulturspritze: etwa fünf bis sechs Wochen
  Sporenspritze: etwa sieben bis acht Wochen

Phase 1: Besiedlung vorgegarter Reisbeutel

Materialien

Checkliste

- Kochbeutel mit vorgegartem braunem Reis
- Papierklebeband oder Filteraufkleber
- 70-prozentiger Isopropylalkohol (IPA)
- Sprühflasche
- Papierhandtücher
- Feuerzeug
- Stammkultur (Sporenspritzen oder Flüssigkulturspritzen)
- Permanentmarker
- Durchsichtiger Behälter (optiona 56 Liter oder größer für den SAE (Sabouraud-Dextrose-Agar)
- Raumheizung (optional)
- Große Behälter oder Plastikwannen und Aquarienheizer für das Brüten (optional)

Internet — Dieses Buch liefert Vorschläge, in welcher Art von Geschäften du die Materialien kaufen kannst, die du für jede der drei Phasen des Anbaus benötigst. Bezugsquellen im Internet sind nicht aufgeführt, weil im Grunde inzwischen alles online verfügbar ist!

Kochbeutel mit vorgegartem braunem Reis

Wo zu bekommen

Lebensmittelladen.

Was ist das?

Ein Kochbeutel mit vorgegartem braunem Reis ist ein erstaunliches Hilfsmittel, das einen fertigen Beutel mit sterilem Getreide nachbildet, der im Internet für Pilzzwecke verkauft wird. Welche Reismarke du wählst, ist nicht wichtig, du musst nur darauf achten, dass der Reis fertig durchgegart ist (auf der Packung sind normalerweise 90 Sekunden Erhitzungszeit angegeben); es ist brauner Reis, das heißt, es ist Vollkornreis, dem keine Aromen oder Gewürze hinzugefügt wurden (eine kleine Menge Öl ist jedoch normal).

Viele Kochbeutel kommen in einer durchsichtigen Verpackung daher, wodurch die Besiedlung oder das Wachstum des Myzels sehr einfach zu beobachten ist und viel Rätselraten überflüssig wird. Dieses Sichtfenster ist nicht immer vorhanden und auch nicht unbedingt notwendig, aber es ist hilfreich, besonders für Anbauneulinge.

Warum verwenden?

Der Grund liegt in der Einfachheit. Bevor es dieses praktische Produkt gab, war es die Aufgabe des Landwirts, das Getreide vorzubereiten und zu sterilisieren. Gut hydriertes steriles Getreide ist für den Prozess des Pilzanbaus unerlässlich. Es wird zur Herstellung von Pilzbrut oder als Nährstoffquelle für die Pilzentwicklung verwendet, weil es eine zucker- und nährstoffreiche Nahrungsquelle für Pilze darstellt und genug Wasser aufnimmt, damit das Myzel gesund bleibt, schnell wächst und viele winzige Luftkanäle zwischen den Körnern hat, die eine schnelle Ausbreitung des Myzels ermöglichen.

Profi-Tipp

Verwende zwei Beutel Reis pro Behälter. Obwohl ein einziger Beutel eigentlich ausreicht, bringt er in der Regel nicht genügend Pilze hervor. Für Anfänger ist es am besten, einen zusätzlichen Beutel, der den Bedarf übersteigt, vorzubereiten, für den Fall, dass etwas schief geht.

Papierklebeband oder Filteraufkleber

Wo zu bekommen?

Klebeband in der Apotheke oder Filteraufkleber über microppose.com.

Was ist das?

Micropore oder chirurgisches Papierband ist Klebeband mit mikroskopisch kleinen Löchern auf der gesamten Oberfläche. Es ist normalerweise in Apotheken erhältlich, da es in erster Linie für die Erste Hilfe verwendet wird. Es lohnt sich, etwas mehr für eine Version des Klebebands, die mit einem Abroller ausgestattet ist, auszugeben, um zu verhindern, dass das Klebeband beim Anbringen an deinen Handschuhen haften bleibt.

Anstelle von Klebeband kannst du auch vorgefertigte Filteraufkleber von der Firma Microppose nehmen. Sei dir im Klaren, dass nachgemachte Versionen, die von anderen Internetverkäufern angeboten werden, nicht die gleiche Funktion erfüllen, da sie nicht porös sind und die Luftzirkulation maßgeblich verhindern.

Wozu das Ganze?

Du verwendest Papierklebeband oder Filteraufkleber, um einen Luftfilter für den Reisbeutel zu erzeugen. Der Filter lässt eine kleine Menge Frischluft in den Reisbeutel hinein und verbrauchtes Kohlendioxid hinaus und filtert gleichzeitig alle Sporen und Bakterien heraus, die mit in den Beutel gelangen und ihn verunreinigen könnten.

70-prozentiger Isopropylalkohol (IPA)

Wo zu bekommen?

Apotheke.

Was ist das?

Die eigentliche Wirkung von IPA liegt nicht in seiner Anwendung, sondern in seiner Verdunstung. Wenn er aufgetragen wird, dringt der Alkohol in die Mikroorganismen ein, die ein Pilzzuchtprojekt verunreinigen. Während des Verdunstungsprozesses lässt IPA die Proteine gerinnen und verwandelt so die Verunreinigungen in eine Art Suppe und tötet sie ab.

Damit die Verdunstung vollständig funktioniert, ist es wichtig, dass du 70-prozentigen IPA verwendest. Das liegt daran, dass 30 Prozent der Lösung aus Wasser bestehen – die ideale Menge, um die Mikroorganismen am wirkungsvollsten zu bekämpfen. Bei höheren Konzentrationen lässt der Alkohol das Äußere gerinnen, die Verunreinigungen bleiben oft noch lebensfähig, und bei niedrigeren Konzentrationen hat der Alkohol einfach nicht die gleiche Wirkung.

WARNHINWEISE

Geruch. **Du brauchst genug IPA für eine gute Reinigungskraft, aber zu viel erzeugt übermäßige Dämpfe. Obwohl die Dämpfe nicht gefährlich sind, ist es auf jeden Fall unangenehm, sie einzuatmen.**

Entflammbarkeit. **Bedenke, dass 70-prozentiger IPA eine hochentzündliche Substanz ist. Jede Art von offenem Feuer in der Nähe des Alkohols birgt ein Risiko. Die vom Alkohol erzeugte Flamme ist normalerweise blau, aber in einem gut beleuchteten Raum ist sie fast unsichtbar. Um dich bei der Verwendung von IPA in der Nähe einer offenen Flamme zu schützen, stellst du am besten sicher, dass der Alkohol verdampft ist, bevor du das Feuer entfachst.**

Sprühflasche

Wo zu bekommen?

Apotheke, Kaufhaus oder Friseurbedarfsgeschäft.

Was ist das?

Eine Plastikflasche mit einem Sprühaufsatz verteilt IPA und andere Flüssigkeiten gleichmäßig.

Warum verwenden?

Eine normale Sprühflasche ist gut geeignet, um IPA auf der Oberfläche zu verteilen, aber eine Sprühflasche, wie sie im Friseursalon verwendet wird, ist sogar noch besser und wird zum Besprühen mit Wasser in späteren Phasen des Pilzzuchtprojekts empfohlen. Vielleicht solltest du dir zwei dieser Sprühflaschen besorgen und eine für die späteren Phasen beiseitestellen.

Feuerzeug

Wo zu bekommen?

Einkaufsladen oder Kaufhaus.

Was ist das?

Suche nach einem gewöhnlichen, preiswerten Feuerzeug, das bequem in der Hand liegt, leicht zu bedienen ist und eine gleichmäßige Flamme aufweist.

Warum verwenden?

Ein Feuerzeug spielt eine wichtige Rolle dabei, dein Pilzzuchtprojekt frei von Verunreinigungen zu halten. Mit der Flamme sterilisierst du die Nadel deiner Sporenspritze oder Flüssigkulturspritze, bevor du die Reisbeutel durchstichst. Da die Nadel der einzige Gegenstand ist, der in den sterilen Beutel eindringt, gewährleistet die Flamme ein höheres Maß an Sauberkeit, als dies mit Alkohol allein möglich wäre.

WARNHINWEIS

Der Hauptzweck eines Feuerzeugs ist es, Feuer zu machen. Bitte sorge unbedingt dafür, dass das Feuer während deines Anbaus unter Kontrolle bleibt, denn IPA ist leicht entzündlich. Der Alkohol muss nicht vollständig verdampfen, um sicher arbeiten zu können, aber es ist am besten, wenn du mit einer offenen Flamme wartest, bis er annähernd verdunstet ist. Geh kein Risiko ein, nachdem du deine Handschuhe eingesprüht hast; warte, bis der Alkohol vollständig verdunstet ist, bevor du weiterarbeitest.

PRO

PROFI-TIPP

Jede Art von Feuerzeug funktioniert, aber einige haben eine Schutzvorrichtung über dem Schlagbolzen, die die Handschuhe zerreißen kann. Im Folgenden ist eine einfache Methode beschrieben, um die Sicherung zu entfernen und das Feuerzeug Pilzfreundlich zu machen.

1. Stecke einen kleinen Metallgegenstand wie einen Schlüssel in das Loch, aus dem die Flamme herauskommt.

2. Schiebe ihn unter die Vorderseite der Sicherung, drücke sie nach oben und biege dabei die kleinen Arme, die die Sicherung halten, nach unten.

3. Nimm denselben Metallgegenstand, der zum Hebeln verwendet wird, und platziere ihn zwischen der Rückseite der Sicherung und dem Schlagbolzen.

4. Drücke auf die Sicherung zwischen dem Metallgegenstand und deinem Daumen, ziehe sie nach oben und wackle hin und her. Die Sicherung sollte mit geringem Widerstand herausgleiten.

5. Biege die kleinen Metallarme, die die Sicherung halten, zurück in ihre ursprüngliche Position.

Stammkultur: Sporenspritzen oder Flüssigkulturspritzen

Wo zu bekommen?

inoculatetheworld.com
premiumspores.com
sporeworks.com

Was ist das?

Man findet zwar eine Vielzahl von in Frage kommenden Stammkulturen, aber es gibt nur zwei grundlegende Möglichkeiten: Sporen oder Flüssigkultur (manchmal auch als isolierte Spritzen bezeichnet).

Warum verwenden?

Für einen Anfänger ist der beste und einfachste Einstieg, entweder mit einer Sporenspritze oder einer Flüssigkulturspritze zu arbeiten (für weitere Information siehe den Abschnitt *Der Lebenszyklus der Kultivierung*). Eine Spritze enthält ein steriles Medium und macht die Beimpfung einfach und unkompliziert, da viele Faktoren für das Einbringen möglicher Verunreinigungen wegfallen.

Um die Aussicht auf eine kontaminationsfreie Spritze zu erhöhen, wähle einen der hier aufgeführten Anbieter oder eine andere der vielen empfehlenswerten und vertrauenswürdigen Quellen.

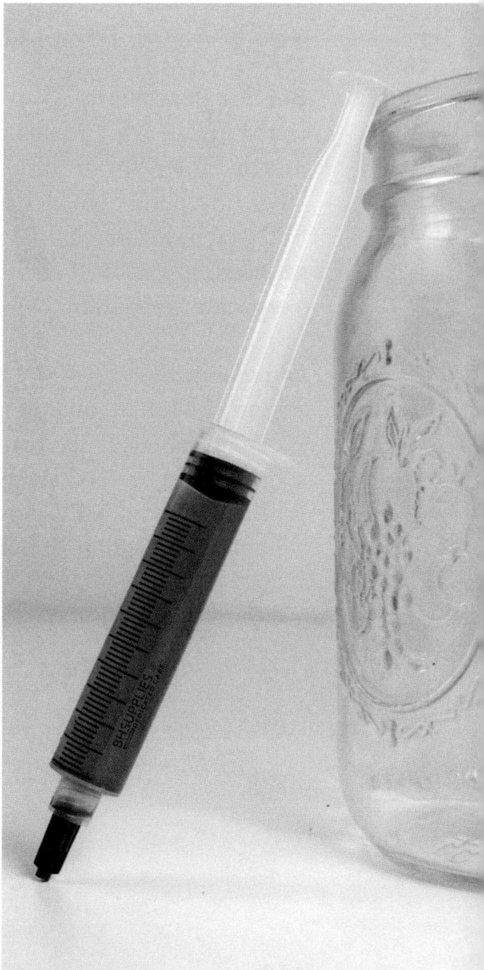

PRO

PROFI-TIPPS

Diskretion. **Sporenspritzen mögen nicht illegal sein, aber alles an ihrer Herstellung und ihrer üblichen Verwendung deutet darauf hin, dass die Verkäufer bestrebt sind, sich auf der richtigen Seite einer unscharfen Grenze zu bewegen, um im Geschäft zu bleiben. Weil Sporen für «Forschungszwecke» und nicht für den Anbau verkauft werden, ist es am besten, mit diesem Zweck mitzugehen und den Verkäufer nicht zu fragen, wie gut eine bestimmte Sorte wächst oder Ähnliches. Es ist nicht ungewöhnlich, dass eine Bestellung storniert wird, weil sich darin die Absicht andeutet, dass Pilze angebaut werden sollen. Diskretion ist auch beim Kauf von Spritzen für Flüssigkulturen geboten.**

Bei der Bestellung. Wenn du eine Stammkultur bestellst, solltest du nach Möglichkeit mehr als eine Spritze bestellen, damit du einen Vorrat hast. Die Spritzen werden in der Regel in einer unscheinbaren Schachtel mit einem kleinen Stopfen am Spritzenende (manchmal auch als stumpfe Kappe bezeichnet) geliefert. Du solltest auch eine Nadel in einer sterilen Einweg-Verpackung erhalten.

Lagerung. Flüssigkulturen halten sich im Kühlschrank zuverlässig zwölf Monate oder länger; Sporenspritzen haben eine etwas kürzere Lebensdauer von sechs bis zwölf Monaten im Kühlschrank. Am besten bewahrst du eine Spritze in einem Gleitverschlussbeutel im Kühlschrank auf – aber versuche, die Spritze so schnell wie möglich zu benutzen, nachdem du sie erhalten hast.

Vorgehen

Vorbereiten einer Spritze

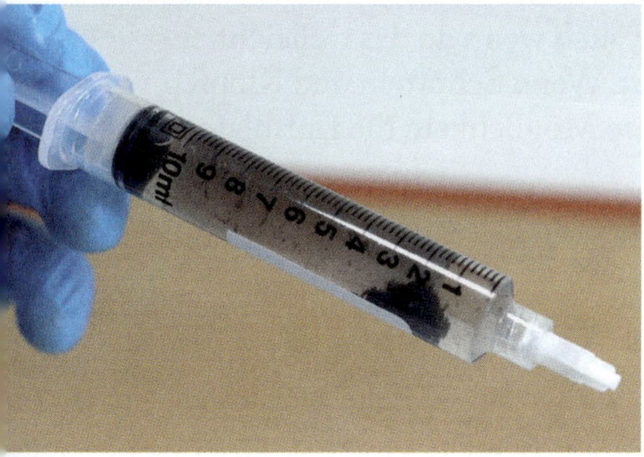

Verklumpungen auflösen

Während du das Gehäuse der Spritze desinfizierst, sieh dir den Inhalt genau an. Wahrscheinlich wird die Kultur etwas verklumpt sein. Das kann bei Sporen problematischer sein als bei flüssigen Kulturen. Wenn du irgendwelche Verklumpungen bemerkst, kannst du sie auf verschiedene Weise auflösen, aber denke daran, dass die Spritze nicht klumpenfrei sein muss. Wenn einige Klumpen nach dem Auflösen noch übrigbleiben, ist das in Ordnung. Bei Sporen ist zu beachten, dass sie mikroskopisch klein sind, daher kannst du sicher sein, dass sich einige von ihnen vom Hauptklumpen gelöst haben und du deine Beutel erfolgreich beimpfen kannst.

Zuerst kannst du versuchen, die Klumpen aufzulösen, indem du die Spritze schüttelst. Falls das nicht funktioniert, versuche, sie

Checkliste zur Schnellreinigung

— Reinige den Arbeitsbereich.
— Suche deine Materialien zusammen.
— Bringe die Luft in deinem Arbeitsbereich innerhalb von 15 Minuten zur Ruhe.
— Ziehe Maske und Handschuhe an, und desinfiziere deine behandschuhten Hände mit 70-prozentigem IPA.
— Desinfiziere deine Arbeitsoberfläche mit IPA.
— Reinige deine Materialien mit IPA.
— Sprühe IPA auf ein Papiertuch, und wische vorher die Sprühflasche ab.
— Desinfiziere dann das Feuerzeug, damit der Alkohol Zeit hat zu verdampfen.
— Desinfiziere als Nächstes die Reisbeutel, damit das chirurgische Papierklebeband oder die Filteraufkleber haften bleiben.
— Desinfiziere den Rest der Gegenstände ohne bestimmte Reihenfolge.

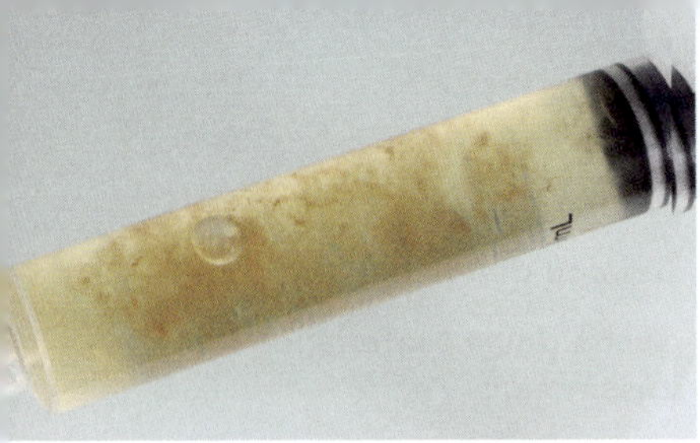

auf deine Handfläche oder gegen eine feste, aber nachgiebige Oberfläche zu klopfen, zum Beispiel einen Plastikbehälter, einen Pappkarton oder ein Buch. Diese Methode funktioniert fast immer, auch wenn du das vielleicht ein paar Minuten lang machen musst. Wenn Schütteln und Klopfen versagen, gibt es noch eine weitere Möglichkeit: die Luftblasenmethode.

Sporenverklumpung

Sporen haben eine Eigenschaft, die man als Selbstanhaftung bezeichnen kann, eine fast magnetische Anziehungskraft. Diese Tendenz zeigt sich oft in Form eines großen Sporenklumpens in einer Spritze. Ein mögliches Risiko ist, dass der ganze Klumpen auf einmal in einen einzigen Reisbeutel gespritzt werden könnte. In der Regel bleiben einige Sporen übrig, die dann in anderen Beuteln gedeihen, in denen das Wachstum aber oft viel langsamer vonstatten geht. Wenn du den Klumpen auseinanderschüttelst, reicht die gleiche Menge an Sporen für zehn oder mehr Tüten.

Luftblasen-Methode

Führe diese Methode nur in einem gründlich vorbereiteten, sauberen Raum durch, oder am besten in einem Behälter mit ruhiger Luft (siehe Abschnitt *Reinhaltung*). Das Ansaugen von Luft erhöht das Risiko einer Verunreinigung, aber nur geringfügig. Wenn du achtsam bist, sollte es kein Problem sein.

1. Besprühe den Stopfen der Spritze mit 70-prozentigem IPA und lasse den Alkohol verdampfen.
2. Halte die Spritze senkrecht und löse den Stopfen so, dass er fast ganz lose ist, aber immer noch draufsitzt.
3. Halte die Spritze immer noch senkrecht und ziehe den Kolben nur ein kleines Stück an, um eine Luftblase einzuführen. Sie sollte nicht größer als 0,5 cm^3/ml sein.
4. Schraube den Stopfen wieder zu und schüttle die Spritze so kräftig wie möglich. Das sollte genügen.

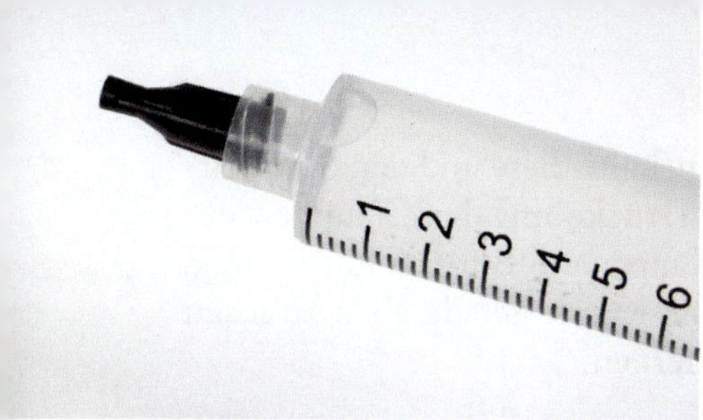

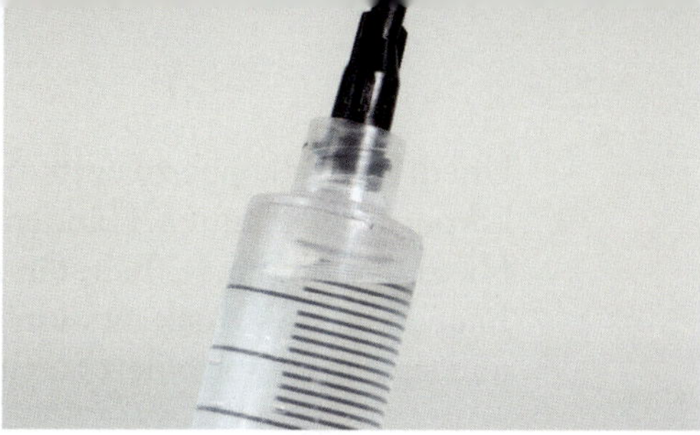

Die Luftblase braucht nicht groß zu sein, um ihren Zweck zu erfüllen. Je kleiner sie ist, desto geringer ist das Risiko, dass Verunreinigungen in die Spritze gelangen.

Zusammenbauen der Spritze

Wenn die Kultur gut verteilt ist, ist es an der Zeit, die Spritze zusammenzubauen. Die Spritze wird zunächst dafür benutzt, einige Löcher in den Reisbeutel zu stechen, die als Belüftungsöffnungen dienen. In der Originalverpackung sind die Spritze und die Nadel steril. Sei vorsichtig, wenn du irgendeinen sterilen Behälter öffnest und die Nadel anfasst.

1. Halte die Spritze senkrecht und löse den Stopfen, aber nicht so sehr, dass er abfällt.
2. Öffne die sterile Verpackung, in der sich die Nadel befindet. Die einfachste Methode ist, die Nadel fest zu greifen und sie durch die Papierseite der Verpackung zu reißen.
3. Drücke den Stopfen schnell ab und setze die Nadel mit ihrer Kappe auf das Ende der Spritze. Drehe sie im Uhrzeigersinn, um sie zu sichern.

Abnehmen und Wiederanbringen der Nadelkappe

Spritzennadeln sind unglaublich scharf, also sei vorsichtig, wenn du sie anfasst. Es braucht nicht viel, um eine Nadel in oder durch einen Finger zu stechen (autsch!). Die wichtigsten Augenblicke sind das Entfernen und Wiederanbringen der Nadelkappe.

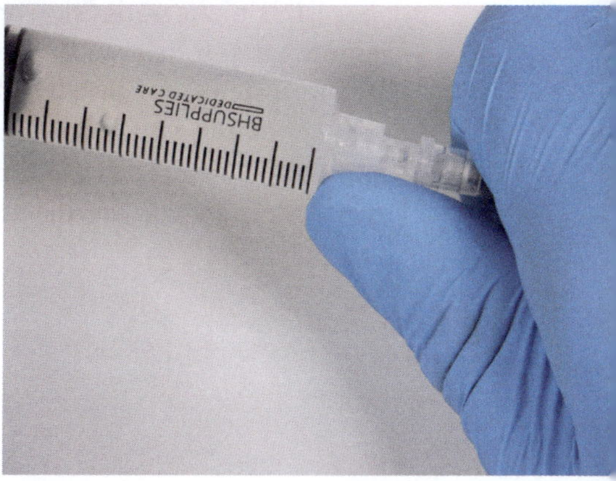

Um die Nadelkappe zu entfernen, halte diese und den Spritzenkörper in getrennten Händen. Drücke mit dem Daumen der Hand, die die Nadel hält, die Kappe vom Spritzenkörper weg. Baue langsam Druck auf, um die Kappe gerade eben zu lösen und sie dann kontrolliert zu entfernen.

Um die Nadelkappe wieder anzubringen, halte die Kappe an dem am weitesten von der Öffnung entfernten Ende, führe die Nadel vorsichtig ein, halte sie leicht senkrecht, und lasse die Kappe vollständig auf die Nadel fallen. Lasse die Kappe mit leichtem Druck zuschnappen. Alternativ kannst du die Kappe auch auf die Nadel setzen und sie dann zuschnappen lassen.

PRO

PROFI-TIPP

Manche Anbauer tauschen gerne den Stopfen aus, wenn sie ihre Spritze nach dem Gebrauch aufbewahren. Das ist nicht notwendig und kann unnötige Risiken mit sich bringen. Für eine gute Lagerung reicht es aus, die Nadelkappe zu ersetzen.

Belüftungsöffnungen herstellen

Die Spritzenkanüle durch Abflammen sterilisieren

Eine brandneue, gerade erst geöffnete Spritzennadel ist steril, daher ist es nicht nötig, sie vor dem ersten Gebrauch mit einer Flamme zu sterilisieren. Wenn du eine Nadel einmal benutzt hast, sterilisiere sie zwischen den Anwendungen, wenn du von der Herstellung von Luftlöchern zum Impfen übergehst und wenn du von einem Beutel zum nächsten wechselst. Hier ist eine kurze Anleitung zur Sterilisation der Nadel.

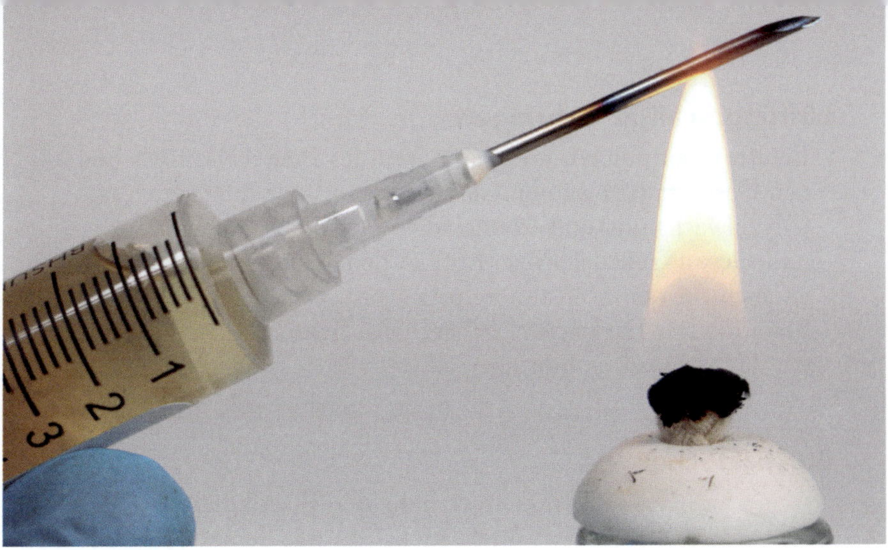

1. Halte dein Feuerzeug in einer Hand und bewege mit der anderen Hand die oberen zwei Drittel der Nadel knapp über dem heißesten Teil der Flamme, der Spitze, fünf bis zehn Sekunden lang hin und her. Achte darauf, dass die Flamme nicht zu nah an das Plastikende kommt, sonst könnte die Nadel beschädigt werden.

2. Lasse die Nadel weitere zehn Sekunden abkühlen, bevor du sie benutzt. So wird verhindert, dass der Kunststoff schmilzt und sich giftige Dämpfe bilden, wenn sie das nächste Mal zum Sterilisieren abgeflammt wird.

Wenn sich keine Flüssigkeit in der Nadel befindet, wird das Metall sehr schnell heiß. Erhitze sie etwa fünf Sekunden lang, und in etwa zehn Sekunden kühlt sie ab. Wenn sich nach der Beimpfung Flüssigkeit in der Nadel befindet, erhitze sie zehn Sekunden lang und lasse sie genauso lange abkühlen.

Lüftungsschlitze anbringen

Belüftungsöffnungen im oberen Teil des Beutels ermöglichen den Gasaustausch während des gesamten Besiedlungsprozesses (Myzelwachstum) und erhöhen die Wachstumsgeschwindigkeit und Gesundheit der Pilze. Luft in den Beutel zu bekommen, ist auch für den nächsten Schritt wichtig, das Einspritzen der Stammkultur. Du kannst Löcher in den Beutel stechen oder mit einem Lochstanzer anbringen.

Einstichlöcher

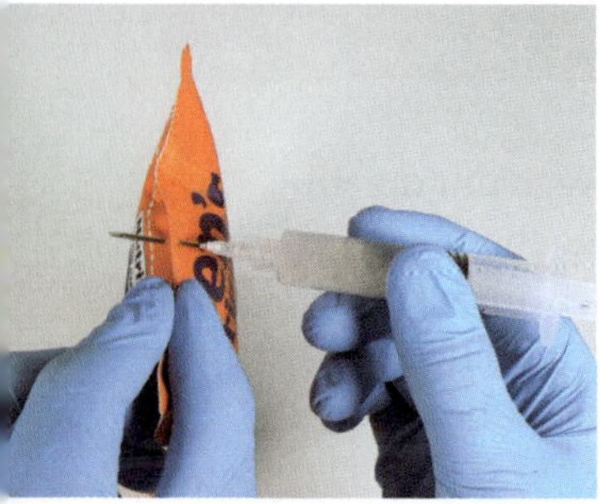

Direkt unterhalb der Plastikdichtung des Reisbeutels stichst du mit deiner Spritzennadel Löcher durch beide Seiten des Beutels. Manchmal reicht der Reis bis hoch zum Verschluss. Schiebe den Reis vorsichtig aus dem Weg, bevor du weitermachst.

1. Achte darauf, wo du deine Finger platzierst, da du beide Seiten des Beutels mit der Nadel durchstichst. Stich eine kleine Gruppe von fünf bis zehn Löchern.

2. Behalte beide Seiten des Beutels im Auge, um sicherzustellen, dass sowohl die Eingangs- als auch die Ausgangslöcher nah beieinanderbleiben. Löcher, die so dicht beieinander liegen, sollten allmählich zu einem oder zwei größeren Löchern werden. Wenn es so aussieht, als seien die Löcher getrennt voneinander, verschließen sie sich wahrscheinlich von selbst, wenn sie mit chirurgischem Papierklebeband oder Filteraufklebern abgedeckt werden; mache ein paar mehr Stiche, und setze die Kappe der Spritze wieder auf.

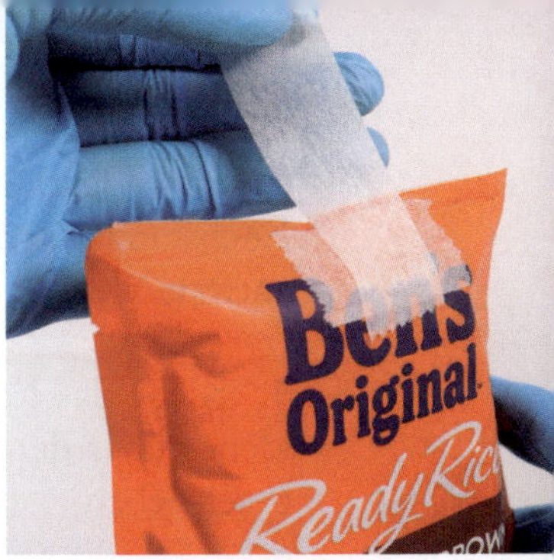

3. Wenn du Papierklebeband verwendest (entferne etwa den ersten Zentimeter, wenn das Band in einem Abroller ist), nimm ein Stück, das lang genug ist, um die Löcher auf beiden Seiten des Beutels abzudecken, ziehe es bis über die Oberkante des Beutels nach oben. Bringe dann eine weitere Lage Klebeband auf jeder Seite des Beutels an, um die erste Lage abzudecken. Gut ist, wenn man die zweite Lage in einem 90-Grad-Winkel zur ersten aufklebt.

4. Wenn du Filteraufkleber wie die von micropose.com verwendest, bringe auf jeder Seite des Beutels einen Aufkleber an, um die Löcher abzudecken. Es wird kein Klebeband benötigt.

Verwendung eines Lochstanzers

Diese Methode mit einem Einlochstanzer entspricht im Wesentlichen dem beschriebenen Verfahren für das Stechen von Löchern, mit einigen kleinen Unterschieden. Diese Methode schafft eine zuverlässigere Entlüftung.

1. Bereite den Lochstanzer vor, indem du ihn kräftig einsprühst oder noch besser, indem du ihn in einen kleinen Behälter mit 70-prozentigem IPA eintauchst.

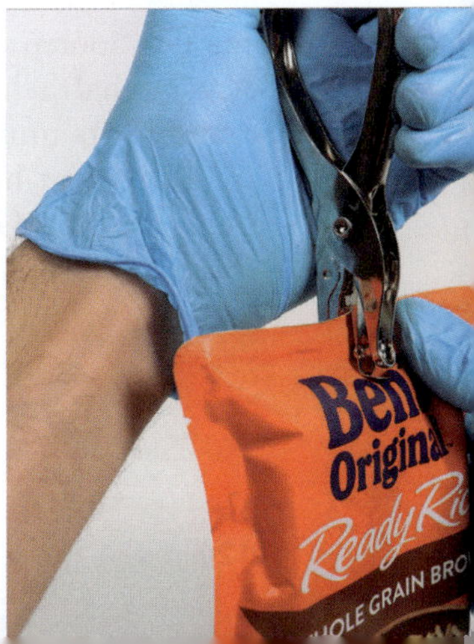

2. Lasse den Alkohol größtenteils verdunsten und sterilisiere dann das Ende des Lochstanzers etwa zehn Sekunden lang mit der Flamme. Schwarzer Kohlenstoff, der auf dem Stempel verbleibt, ist in Ordnung und braucht nicht abgewischt zu werden.

3. In der oberen Mitte des Reisbeutels drückst du das Werkzeug fest zusammen, um

ein Loch durch beide Seiten zu stanzen. Manchmal klemmt der Lochstanzer in der geschlossenen Position. Drücke ihn auf und entferne ihn.

4. Klebe das Loch mit Klebeband ab oder platziere Filteraufkleber über dem Loch, so wie beim Anbringen von Löchern beschrieben.

Beimpfung des Reisbeutels

Vorher, nachher

Auflockern des Reises

Die Öffnungen lassen etwas Luft in den Beutel und machen es einfach, den Reis aufzulockern. Knete den Beutel mit deinen Händen, um den Reisblock aufzulockern. Klopfe den Beutel kräftig auf die Arbeitsfläche, um den Reis zu lösen, der sich nicht in der unteren Hälfte des Beutels abgesetzt hat. Der Beutel sollte von alleine stehen können. Taste den oberen Rand ab, um sicherzustellen, dass kein Reis neben dem Verschluss eingeklemmt ist; sollte das der Fall sein, schiebe ihn vorsichtig nach unten.

Injizieren der Stammkultur

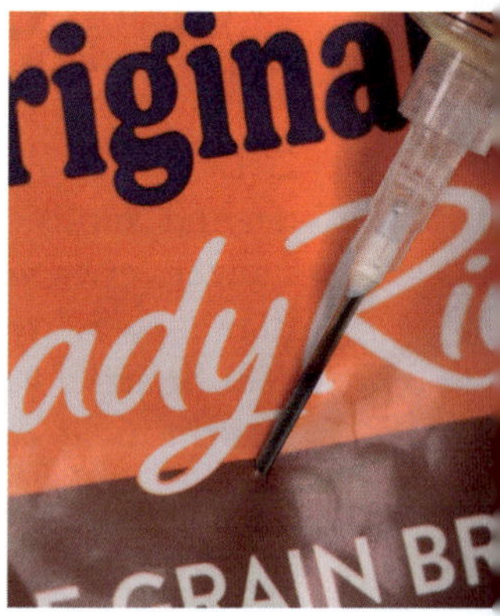

Jetzt ist der Reisbeutel bereit für die Aufnahme der Sporen oder der Flüssigkultur. Der wissenschaftliche Begriff für das Einspritzen der Stammkultur ist «Beimpfen», und im Pilzjargon heißt das, dass du Getreide beimpfst oder Getreidebrut erstellst. Folge diesen einfachen Schritten:

1. Nimm die Kappe von der Spritze und flamme die Nadel zum Sterilisieren ab.

2. Nachdem du die Nadel hast abkühlen lassen, halte die Spritze senkrecht, sodass die Nadelspitze über der Mitte des Beutels ist, etwa einen Zentimeter oberhalb der «Reislinie», also dort, wo sich der Reis abgesetzt hat. Die senkrechte Haltung ist wichtig, um zu vermeiden, dass du versehentlich die Rückseite des Beutels durchstichst.

3. Wenn deine Spritze in Position ist, drücke den Kolben nach unten, um den Beutel mit 0,5 bis 1 cm^3/ml deiner Stammkultur an einer Stelle zu beimpfen. Spritze sie nicht überall hin. Drücke vorsichtig, um nicht zu viel einzubringen. Da der Reis bereits gut befeuchtet ist, erhöht zu viel Flüssigkeit das Risiko einer Verunreinigung. Versuche, den Reis nicht mit der Nadelspitze zu berühren, denn das kann zur Verstopfung der Nadel führen.

4. Nimm die Nadel aus dem Beutel, und setze die Kappe wieder auf. (Falls sich nach der Beimpfung Flüssigkeit in der Nadel befindet, musst du damit rechnen, dass es zischt und ploppt und die Flüssigkeit kocht und verdampft.)

5. Bedecke das Nadelloch mit zwei Stücken chirurgischem Klebeband im 90-Grad-Winkel (wie bei der Entlüftung beschrieben) oder mit einem einzelnen Filteraufkleber.

6. Schreibe mit einem Permanentmarker das Datum, die Pilzsorte und die Art der Stammkultur auf und vielleicht eine Botschaft bedingungsloser Liebe und Unterstützung. Der Nutzen einer ermutigenden Botschaft ist wissenschaftlich nicht eindeutig belegt, aber es kann nicht schaden.

7. Wiederhole diesen Vorgang für alle Beutel, die beimpft werden sollen.

PRO

PROFI-TIPP

Die Beimpfung mit einer Sporenspritze ist abgeschlossen, wenn du das Nadelloch abgeklebt hast. Bei der Flüssigkultur ist es am besten, den Beutel am Schluss zu massieren. Der Unterschied besteht darin, dass die Sporen keimen müssen, indem sie Hyphen bilden, sich paaren und Myzel produzieren – ein Prozess, der langsamer abläuft, wenn die Sporen gestört werden und sich weiter fortbewegen müssen, um einander zu finden. Die Flüssigkultur ist bereits eine lebende Myzelkultur und kann mit der Besiedlung einer einzigen Zelle beginnen, das heißt, sie wächst viel schneller, wenn sie schon gut verteilt ist.

Warten auf die Besiedlung

Die Reisbeutel schützen

Wenn du die Beutel beimpft hast, bleibt nur noch, die geimpften Beutel vor Schaden zu bewahren und im richtigen Temperaturbereich zu halten. Als Erstes musst du einen Platz mit ruhiger Luft und ohne direkte Sonneneinstrahlung finden. Du brauchst keine supersaubere Umgebung oder eine, in der es absolut keine Luftbewegung gibt. Du musst nur sicherstellen, dass es keine ständige Luftbewegung gibt. Konstanter Luftstrom erhöht die Wahrscheinlichkeit, dass Verunreinigungen durch das Papierklebeband oder den Filteraufkleber gelangen und die Reisbeutel austrocknen können, was das Wachstum verlangsamt. Ein gutes Beispiel für einen geeigneten Ort ist ein Schrank, der vielleicht ein paarmal am Tag geöffnet wird, aber meistens geschlossen bleibt.

Der zweite Punkt ist die Temperatur. Der optimale Bereich für das Wachstum liegt bei 20 bis 25 °C. Wenn du dich für eine bestimmte Temperierung entscheiden müsstest, wären 23 °C für alle Stämme von *Psilocybe cubensis* während ihrer gesamten Lebensspanne geeignet. Bei weniger als 20 °C verlangsamt sich das Wachstum. Zwischen 18 und 20 °C nimmt die

Wachstumsgeschwindigkeit deutlich ab; bei diesen niedrigeren Temperaturen dauert das Wachstum oft zwei- bis dreimal so lange und kann ins Stocken geraten, was bedeutet, dass es mehr als zwei Monate dauern kann, bis ein Reisbeutel besiedelt ist – wenn er überhaupt besiedelt wird. Am oberen Ende des empfohlenen Bereichs erhöhen Temperaturen über 25 °C leicht das Risiko einer Verunreinigung. Wenn sich die Temperatur 32 °C nähert, kann die Verunreinigung viel leichter Überhand gewinnen. Bei etwa 40 °C ist die Gesundheit des Myzels gefährdet und das Wachstum verlangsamt sich; oberhalb dieser Temperatur ist ein Absterben des Myzels wahrscheinlich.

Es gibt eine große Bandbreite, in der dein Myzel wachsen kann, und gewisse Schwankungen innerhalb dieser Bandbreite sind völlig normal. Die besten Ergebnisse werden jedoch immer dann erzielt, wenn du eine konstante Temperatur von 23 °C einhältst.

Temperaturregelung

Wenn der Raum kühl ist, ist es am einfachsten, die Temperatur zu regeln, indem man die Beutel in einem begehbaren Schrank lagert, der mit einer temperaturgesteuerten Heizung mit einstellbarem Thermostat ausgestattet wird. Sie braucht nicht viel zu laufen, um eine konstante Temperatur in einem kleinen Raum zu halten. Ein Thermometer neben den Beuteln ist hilfreich, um die Temperatur des Heizgeräts einzustellen. Ein weiterer Vorteil von Schränken ist, dass die Luft darin ruhig ist und es kein direktes Sonnenlicht gibt. Aus Sicherheitsgründen solltest du darauf achten, dass um die Heizung herum ausreichend Platz ist.

In meiner Zeit als Pilzkundelehrer habe ich gesehen, wie Menschen Reisbeutel, die sich scheinbar nicht weiterentwickelten, weggeworfen haben. Oft wächst das Myzel nur langsam, und die Person hat keinen Drucktest gemacht, um festzustellen, ob ein Problem vorliegt (siehe Prüfen auf Verunreinigungen) und das vorhandene Myzel nicht zerkleinert, weil es durch das Fenster nicht sichtbar war. Es tut mir im Herzen weh, wenn ich das sehe, denn normalerweise ist mit den Beuteln alles in Ordnung, das

Wachstum hat sich einfach aufgrund der Umweltbedingungen verlangsamt.

Der seltenere Grund für mangelndes Wachstum ist, dass die Stammkultur tot ist. Das ist fast nie der Fall, außer bei Kulturen, die zu lange gelagert wurden oder extremen Bedingungen ausgesetzt waren, wie etwa direktem Sonnenlicht, hohen Temperaturen oder Frost. Meist liegt schlichtweg ein verlangsamtes Wachstums vor, weil die Temperatur zu niedrig ist.

Auch wenn die Menschen versuchen, ihre Stromrechnungen so niedrig wie möglich zu halten, können Sparsamkeit und Pilzwachstum in Konflikt geraten. Wenn du dich entschlossen hast, deine eigenen Pilze zu züchten, dann sorge bitte auch für optimale Temperaturen für diese. Das bedeutet so gut wie möglich eine konstante Temperatur von 20 bis 25 °C zu halten.

Verwendung eines Inkubators

Wenn die Methode mit der Heizung in einem Schrank oder einem anderen Raum mit konstanter Temperatur und wenig Luftbewegung für dich nicht in Frage kommt, gibt es einige einfache Möglichkeiten, einen Inkubator selbst zu bauen, wofür du nur ein einfaches Hilfsmittel brauchst: einen voll versenkbaren, regelbaren Aquarienheizer. Diese Art von Heizer nutzt die Masse des Wassers, um bei einer gleichmäßigen Temperatur Wärme abzustrahlen, und er ist preiswert, normalerweise nur zehn bis zwanzig Euro. Außerdem ist er viel besser und sicherer als eine Heizmatte, die sich nur schwer so gleichmäßig wie ein Aquarienheizer halten lässt und Probleme verursachen kann, wenn sie nicht richtig überwacht wird.

Doppelbehälter-Inkubator

In dem einen Behälter befinden sich das Wasser und der Aquarienheizer, während im zweiten Behälter, der innen völlig trocken ist, die Reisbeutel untergebracht sind.

1. Besorge dir zwei Behälter desselben Typs, vorzugsweise mit einem Fassungsvermögen von 40 bis 60 Litern, die ineinander gestapelt werden können.

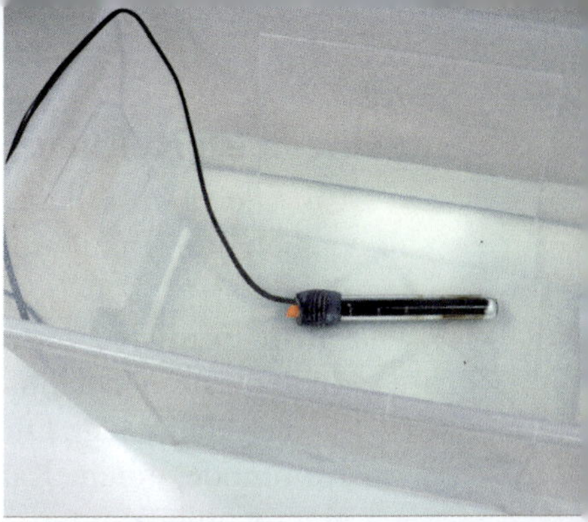

2. Fülle den unteren Behälter etwa 15 cm hoch mit Wasser und stelle die Heizung auf mindestens 25 °C, obwohl du sie wahrscheinlich höher drehen musst, um die Temperatur in der Trockenkammer konstant auf 25 °C zu halten. Die meisten Aquarienheizer haben einen eingebauten Thermostat. Die Verwendung eines Thermometers im Inneren des Beckens liefert die notwendigen Informationen, um die Temperatur des Aquarienheizers anzupassen.

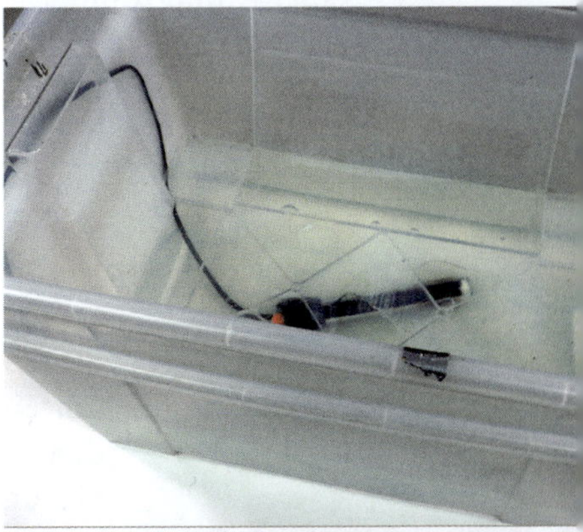

3. Stelle den zweiten Behälter in den ersten. Lege deine Reisbeutel in diesen trockenen Behälter und verschließe ihn mit einem Deckel. Du kannst auch ein oder zwei Decken darüberlegen, um den Behälter zu isolieren und Energie zu sparen.

Nach den Gesetzen der Physik schwimmt der obere Behälter auf dem Wasser; am besten lässt du ihn einfach treiben. Wenn du willst, dass der Behälter leicht sinkt, um den Inkubator zu verbessern, indem das warme Wasser an den Wänden entlang aufsteigt, füge ein paar Gewichte hinzu oder fixiere den Behälter mit Klebeband.

Hitzebasierter Inkubator

Eine noch einfachere Möglichkeit als die Nutzung eines Doppelbehälter-Inkubators ist ein hitzebasierter Inkubator. Bei dieser Methode wird der Aquarienheizer in einen kleinen, lose (nicht luftdicht) verschlossenen Wasserbehälter gelegt, sodass du herausfinden kannst, wie sich die Wärme am besten in einem kleinen Raum hält. Du könntest ihn in einem Schrank oder einer Kommode, einem Karton, einem großen Plastikbehälter oder einer Kühlbox unterbringen.

Um einen solchen Inkubator selbst zu bauen, brauchst du nur den Aquarienheizer und ein Glas oder eine Flasche mit Deckel, die groß genug sind, damit der Heizer hineinpasst. Ein Einmachglas von etwa zwei Litern reicht aus, aber du kannst auch ein größeres Gefäß verwenden, zum Beispiel einen 20-Liter-Eimer, um einen größeren Bereich zu erhitzen. Gib den Aquarienheizer und das Wasser in das Gefäß und verschließe es. Die Herausforderung bei dieser Methode ist das dichte Verschließen. Es ist empfehlenswert, den Deckel gut abzudichten, sonst verdunstet das Wasser aus dem Gefäß in den Inkubationsraum und verursacht ein feuchtes, tropfendes Schlamassel. Das lockere Befestigen eines Deckels oder das Ankleben eines Gummistopfens sollte genügen. Wenn du ein Einmachglas verwendest, schneide eine kleine Kerbe in den Deckel, damit das Kabel herausragen kann. Kontrolliere den Wasserstand regelmäßig, um sicherzustellen, dass der Heizer immer ganz untergetaucht ist.

Ein hitzebasierter Inkubator bietet dir viele Möglichkeiten. Eine ist, die Wärmequelle zusammen mit deinen Pilzen in einem Behälter unterzubringen. Eine andere Möglichkeit, die noch besser funktioniert, ist, den hitzebasierten

Inkubator zusammen mit deinen Pilzen in eine Kühlbox zu bringen. Zur Fruchtbildung musst du dir eine Lichtquelle für den Behälter überlegen, LEDs oder eine Weihnachtsbeleuchtung würden funktionieren.

Beurteilung des Myzels

Etwa zehn Tage nach der Besiedlung ist oft eine ganze Menge in den Reisbeuteln gewachsen – mit der Flüssigkultur mehr, mit den Sporen weniger. Du kannst ein paar Tests durchführen, um zu sehen, wie weit das Myzel fortgeschritten ist. Mit der Flüssigkultur können zehn Tage fast ausreichen, um die Besiedlung abzuschließen; Sporen brauchen in der Regel 14 Tage oder länger.

Optischer Besiedlungstest. Der einfachste Weg, die Besiedlung zu beurteilen, ist ein Blick durch das Fenster am Boden des Beutels. Der Nachteil ist, dass bei der Injektion von Sporen am oberen Ende des Beutels die Sporen dazu neigen, oben zu wachsen, wo sie durch das Fenster am Boden nicht sichtbar sind.

Berührungsprobe der Besiedlung. Die andere Möglichkeit zur Beurteilung der Besiedlung ist das sanfte Zusammendrücken des Beutels zwischen den Fingern, nicht, um irgendetwas aufzubrechen, sondern, um die Festigkeit des Myzelnetzwerks zu erfühlen, das den Reis zusammenhält. Beginne deine Untersuchung in der Nähe der Oberkante, wo das Myzel normalerweise zu wachsen beginnt. Zwischen Reiskörnern gedeihendes Myzel bildet ein starkes Netz von Verbindungen, daher solltest du auf viel mehr Widerstand stoßen, als wenn du nur den losen Reis zerdrückst.

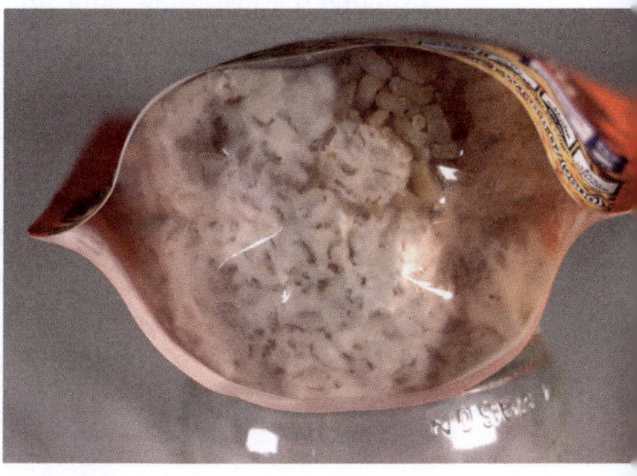

Den Reis zerkleinern

Nachdem du das Wachstum beurteilt und festgestellt hast, dass das Myzel etwa 25 Prozent oder mehr des Reises bedeckt, ist es an der Zeit, den Reis aufzubrechen und die besiedelten Körner im Beutel zu verteilen. Das beschleunigt die Besiedlung. Wenn ein Beutel schneller besiedelt wird als die anderen, lass ihn in Ruhe, bis die anderen fertig sind. Es gibt keinen Grund zur Eile, denn besiedelte Beutel können einige Wochen lang lebensfähig bleiben. Es ist jedoch immer am besten, sie zu verwenden, wenn sie so frisch wie möglich sind. Wenn deine Beutel vollständig besiedelt sind, bist du bereit für die zweite Phase deines Pilzzuchtprojekts.

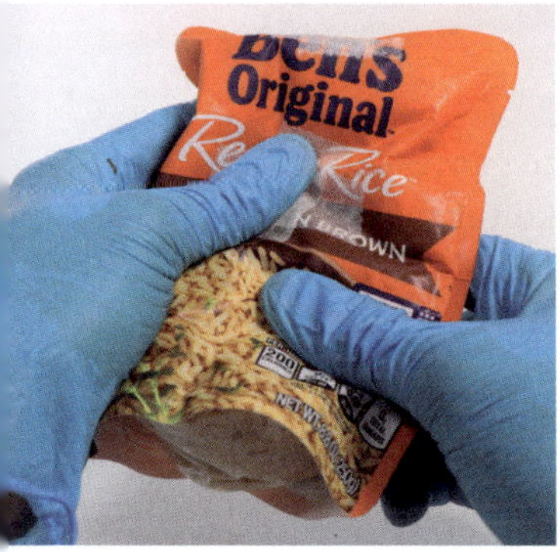

Umgang mit Verunreinigungen in Reisbeuteln

Wenn du bei der Erstbesiedlung der Beutel ein ungewöhnliches Wachstum oder eine ungewöhnliche Färbung feststellst, kannst du nichts anderes tun, als den Beutel zu entsorgen und neu anzufangen. Das ist traurig, aber wenigstens ist es einfach. Später, wenn du dein Pilzzuchtprojekt in die Behälter verlegst, ist unerwünschtes Pilzwachstum, meist Grünschimmel, das häufigste Problem, aber auch Bakterien und Hefen sind relativ häufige Verunreinigungen in Beuteln. Du erkennst sie optisch an ihrer milchigen Flüssigkeit oder an Reis, der eine andere Farbe hat oder matschig ist. Manchmal kannst du sie auch einfach an einem Bereich erkennen, um den das Myzel drumherum wächst, aber nicht darin selbst.

Prüfen auf Verunreinigungen

Es gibt drei Möglichkeiten, einen Beutel auf Verunreinigungen zu prüfen. Wenn du alle drei Methoden anwendest, solltest du in der Lage sein, zu 100 Prozent zu verhindern, dass Verunreinigungen in die nächste Phase deines Pilzzuchtprojekts gelangen.

Optische Prüfung. Da viele der vorgekochten Reisbeutel auf dem Markt ein durchsichtiges Sichtfenster haben, lässt sich leicht erkennen, ob etwas anderes als sauberes weißes Myzel im Beutel wächst.

Drucktest. Dieser Test ähnelt dem Versuch, den Fortschritt des Myzels durch Berührung zu beurteilen, nur dass hierbei auf Verunreinigungen getestet wird. Gesundes Myzel wächst zwischen den Reiskörnern und bildet ein starkes Netzwerk von Verbindungen. Wenn du den Beutel leicht zusammendrückst, solltest du auf einen festen Widerstand stoßen, der sich von der Bewegung loser Reiskörner oder etwas Matschigerem deutlich unterscheidet. Meines Wissens kann kein möglicher Schadstoff diese Art der Dichte nachahmen. Wenn sich der Inhalt des Beutels locker oder breiig anfühlt, weißt du, dass du ein Problem hast.

Geruchstest. Presse den Beutel oberhalb des Myzels leicht zusammen, um die Luft herauszudrücken, halte deine Nase an die Belüftungslöcher an der Oberseite des Beutels und rieche daran. Du wirst wahrscheinlich einen von mehreren Gerüchen wahrnehmen. Es könnte etwas Erdiges oder Pilzartiges sein. Dieser Geruch ist etwas schwer zu beschreiben, aber er ähnelt dem Geruch beim Schneiden von frischen Pilzen aus dem Lebensmittelladen. Das ist es, was du willst.

Ein schlechtes Anzeichen beim Geruchstest ist alles, was in der Nase sticht oder einen fauligen oder säuerlichen Geruch aufweist. Das sind normalerweise die Gerüche von bakteriellen oder Hefeverunreinigungen.

Überschüssige Flüssigkeit

Manchmal sammelt sich überschüssige Flüssigkeit am Boden des Reisbeutels. Das passiert in der Regel dann, wenn das Myzel einen möglichen Schadstoff abwehrt oder bei starken Temperaturschwankungen. Es kann aber auch andere Gründe geben. Wenn das passiert, sieh dir die Flüssigkeit genau an. Eine trübe Flüssigkeit ist wahrscheinlich auf eine Verunreinigung zurückzuführen. Klare Flüssigkeit, auch wenn sie einen gelben, orangen oder braunen Farbton hat, ist in Ordnung. Manche Leute nennen das Pilzpisse.

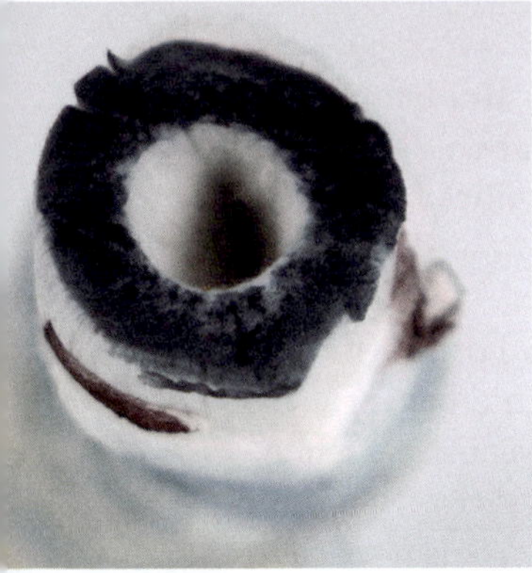

Oben: Die Unterseite eines frisch geernteten Pilzes, der eine intensive blaue Farbe hat. Manche Pilze sind hohl.

Unten: Dieses seltsame Wachstum ist kein Schimmel, sondern eine Stelle, an der die Pilzkappe gegen den Deckel des Behälters gewachsen ist und Myzel zu produzieren begann, das durch den Kontakt mit dem Deckel gedrückt wurde.

Blaue Flecken

Unter blauen Flecken versteht man die Verfärbung von Pilzen, die chemisch auf eine grobe Behandlung reagieren. Sie zeigen sich als bläulich-graue Farbe, und du kannst dich darüber freuen, dass diese blaue Verfärbung ein Zeichen von Psilocybin sein kann. Wenn blaue Flecken zu sehen sind, schau genau hin, und versuche zu erkennen, ob sie die Farbveränderungen des Myzels sind oder auf eine andere Lebensform hinweisen, die auf dem Myzel wächst. Wenn du sicher erkennen kannst, dass es sich um einen blauen Fleck und nicht um eine Verunreinigung handelt, dann ist dein Beutel in Ordnung.

Die meisten Menschen bemerken dieses Phänomen bei der Ernte, wenn sie die Stiele der Pilze abschneiden. Der beunruhigendste (aber nicht so häufige) Zeitpunkt, an dem die Leute blaue Flecken entdecken, ist dann, wenn sie den Reis vorbereiten, um ihn in der nächsten Phase mit dem Substrat zu mischen. Das Aufbrechen des Reises kann zu blauen Flecken auf dem Myzel führen, und dieser Effekt ist normalerweise umso dramatischer, je länger du mit der Vermischung des Reises mit dem Substrat wartest.

Phase 2: Besiedlung des Behälters

Materialien

Checkliste

- 6-Liter-Behälter
- Besiedelte Reisbeutel (aus Phase 1)
- Gepresster Kokosfaserblock
- Superfeines Gipspulver
- Vermiculit (optional)
- Schlitzschraubenzieher
- Küchenwaage mit einer Genauigkeit von einem Gramm
- 70-prozentiger Isopropylalkohol (IPA)
- Zwei Sprühflaschen (für IPA und Wasser)
- Permanentmarker
- Schwarze Mülltüte zum Auskleiden des Behälters (optional)

6-Liter-Behälter

Wo zu bekommen?

Kaufhaus, Haushaltswarengeschäft oder Baumarkt.

Was ist das?

Der Behälter in Schuhkartongröße wird das Zuhause deiner Pilze sein. Achte darauf, dass der Behälter durchsichtige Wände hat. Ein durchsichtiger Deckel ist zwar vorteilhaft, aber in der Regel seltener zu bekommen – ein undurchsichtiger Deckel reicht völlig aus.

Warum verwenden?

Diese Art der kleinen Dosen ist der perfekte Behälter für den Anbauneuling. Er ist klein, kostet sehr wenig, braucht nicht umgebaut zu werden und liefert trotzdem oft mehr als dreißig Gramm Pilze. Außerdem ist er unendlich oft wiederverwendbar und leicht zu reinigen. Dank der durchsichtigen Wände kann Licht eindringen, du kannst die Luftfeuchtigkeit genau im Auge behalten und das Wachstum beobachten und brauchst den Behälter nicht so oft zu öffnen. Und sollte bei deinen ersten Versuchen etwas schief gehen, lässt sich ein Problem in einem 6-Liter-Behälter ganz einfach lösen.

Besorge dir genügend Behälter, um alle deine Beutel mit besiedeltem Reis darin unterzubringen; in jeden schuhkartongroßen Behälter passen zwei Beutel. Gut ist, für jeden Beutel Pilze, den du anbaust, einen zusätzlichen Behälter zu besorgen, für den Fall, dass du den Deckel anheben musst (siehe Abschnitt *Große Pilze*).

Gepresster Kokosfaserblock

Wo zu bekommen?

Gartencenter oder Baumarkt.

Was ist das?

Neben dem Myzelreis nehmen die

hydrierten Kokosfasern den größten Teil des Materials im 6-Liter-Behälter ein. Kokosfasern werden aus der äußeren Schale der Kokosnuss gewonnen und oft als Nährboden für Pflanzen verwendet. Es gibt zwei Arten von Kokosfasern: lose und gepresste.

Ein gepresster Block ist die richtige Wahl für dieses Projekt, da er absolut trocken und super saugfähig ist, was das Risiko der Einschleppung von Verunreinigungen klein hält.

Warum verwenden?

Kokosfasern werden wegen ihrer flauschigen Textur, ihrer hohen Wasserspeicherkapazität und ihrer natürlichen antibakteriellen Eigenschaften häufig für den Anbau psychoaktiver Pilze verwendet. Obwohl Kokosfasern einen gewissen Nährwert haben, bieten sie vor allem ideale Bedingungen, damit das mit Reis gefütterte Myzel Pilze produzieren kann. Für jeden Behälter mit Pilzen, die du anbaust, brauchst du einen gepressten Block.

Superfeines Gipspulver

Wo zu bekommen?

Gips ist in einigen Gartencentern und Baumärkten erhältlich, aber die richtige Sorte zu finden, superfeines Pulver, ist nicht immer einfach, und es wird oft nur in großen Mengen verkauft. Da du nur einen Esslöffel pro Behälter brauchst, solltest du in einem Brauereibedarfsladen oder online nach kleinen Mengen suchen.

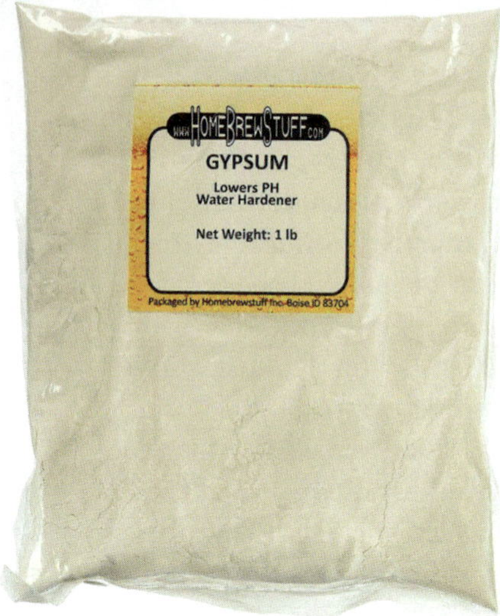

Was ist das?

Gips, ein feines weißes Pulver, ist ein Kalzium- und Schwefelgemisch, das du in die Kokosfasern rührst.

Warum verwenden?

Gips steht im Ruf, die Wirkung von Psilocybin-Pilzen zu verstärken. Obwohl die tatsächliche Wirkung dieser Verstärkung umstritten ist, stellt Gips immer noch den häufigsten Zusatzstoff im Pilzanbau dar – und solange es keine gegenteiligen Beweise gibt, verwenden die Züchter es weiterhin.

Vermiculit (optional)

Wo zu bekommen?

Gartencenter oder Baumarkt.

Was ist das?

Vermiculit ist ein leichtes, silbrig-graues Mineral mit einer schwammartigen Qualität, das häufig in Erdmischungen und für die Aufzucht von Setzlingen verwendet wird. Die Tatsache, dass es abgebaut wird, schreckt manche Menschen ab. Vermiculit hat die Angewohnheit, eine Menge Staub in der Luft zu erzeugen, wenn es geschüttet und bewegt wird, deshalb solltest du unbedingt eine Staubmaske tragen, wenn du mit Vermiculit arbeitest.

Warum verwenden?

Der Hauptzweck von Vermiculit ist, ähnlich wie bei Kokosfasern, die Feuchtigkeit und die Belüftung des Substrats zu gewährleisten. Ebenso wie Kokosfasern ist es resistent gegen Verunreinigungen. Vermiculit, das oft mit «Verm» abgekürzt wird, ist zwar nicht notwendig, aber es speichert mehr Wasser als Kokosfaser und trägt dazu bei, dass größere Pilz-Flushs entstehen, was bei einem Anteil von etwa 20 Prozent Substrat in der Regel eine Produktionssteigerung von zehn bis fünfzehn Prozent über mehrere Flushs einbringt. Du brauchst kein Vermiculit, um Pilze zu züchten; in trockenen Klimazonen ist es von gewissem Nutzen. Verwende es in einem Verhältnis von zwei Teilen Vermiculit zu einem Teil Wasser.

Küchenwaage mit einer Genauigkeit von einem Gramm

Wo zu bekommen?

Kaufhaus oder Haushaltswarengeschäft.

Was ist das?

Die meisten Lebensmittelwaagen haben genau die Eigenschaften, die du für dieses Pilzzuchtprojekt brauchst – Genauigkeit, ein gut lesbares Display, die Möglichkeiten, zwischen verschiedenen Maßeinheiten zu wechseln und die Waage zu tarieren (auf Null zurückzusetzen).

Warum verwenden?

Du musst die Zutaten exakt abmessen können, und eine gewöhnliche Küchenwaage, die bis auf 1 Gramm genau ist, ermöglicht dir das. Waagen gibt es in verschiedenen Preisklassen, und es gibt welche für weniger als 15 Euro.

70-prozentiger Isopropylalkohol (IPA)

Wo zu bekommen?

Apotheke, Kaufhaus oder Friseurbedarfsladen.

Was ist das?

Eine Sprühflasche, die als Friseur-Sprühflasche, Haarsprayflasche oder Dauersprühflasche bezeichnet wird, und einen ultrafeinen, gleichmäßigen Nebel erzeugt, ist ideal für die Befeuchtung während der Pilzzucht.

Warum verwenden?

Zwei Sprühflaschen sind ideal – eine für die Verteilung von 70-prozentigem IPA, obwohl das auch mit einem IPA-getränkten Papiertuch geht, und die andere, um das Myzel und das Innere des Behälters mit Wasser zu besprühen. Eine gewöhnliche Sprühflasche reicht zwar aus, um IPA zu zerstäuben, doch für das Zerstäuben von Wasser ist ein feinerer Sprühnebel notwendig. Es lohnt sich, Friseur-Sprühflaschen für beide Zwecke zu kaufen. Beschrifte die Flaschen mit einem Permanentmarker, damit jede für einen bestimmten Verwendungszweck vorbehalten ist.

Leitungswasser oder sauberes Wasser

Welches Wasser ist zum Besprühen des Myzels geeignet? Glücklicherweise ist kein spezielles Wasser erforderlich. Du kannst jedes Wasser verwenden, das du zur Verfügung hast. Achte nur darauf, dass das Wasser nicht sichtbar schmutzig oder verunreinigt ist. Jedes Wasser, das gut genug zum Trinken ist, ist auch gut genug für die Pilzzucht.

Sauberkeit

Auch wenn die Sauberkeit in dieser Phase nicht mehr so elementar ist wie zu Beginn des Projekts, ist sie dennoch wichtig. Denke an das Sprichwort «Vorsicht ist besser als Nachsicht» und halte dich an die Sauberkeitsrichtlinien, die in der ersten Phase besprochen wurden. Betrachte es als eine gute Angewohnheit.

Vorgehen

Behälter auskleiden, oder nicht?

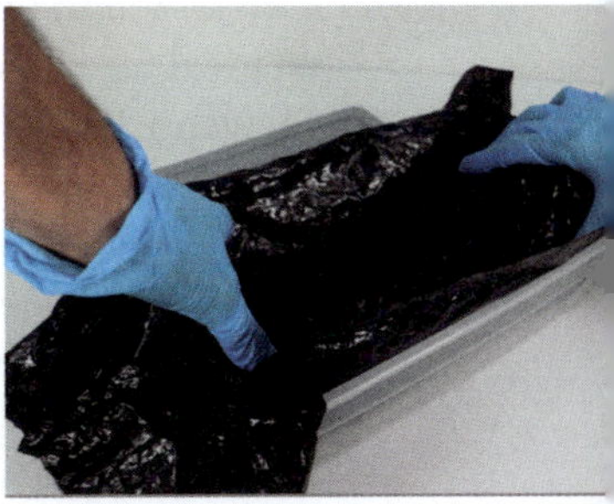

Das Auskleiden der Seiten und des Bodens des Behälters mit einem Stück Plastiktüte (normalerweise eine schwarze Mülltüte) ist möglich und hat den Vorteil, dass es nicht allzu viel zusätzliche Arbeit macht. Die Auskleidung verhindert, dass Pilze an den Seiten und am Boden des Kuchens wachsen und nicht an der Oberseite, wo du sie haben willst. Außerdem hilft die Auskleidung, die Feuchtigkeit im Kuchen zu halten und verhindert, dass er im Wasser steht.

Die Bildung von Fruchtkörpern an den Seiten scheint zum Teil genetisch bedingt zu sein. Es kann sein, dass einige Sorten nur wenige oder gar keine Seitentriebe bilden, während andere hauptsächlich in diesem Bereich wachsen. Auskleidungen können dieses Problem nicht vollständig verhindern, und wenn die Seitentriebe bestehen bleiben, ist es am besten, die Sorte zu wechseln.

Ich selbst habe viel mehr Behälter ohne Auskleidungen angebaut als andere. Obwohl ich etwas bessere Ergebnisse erziele, wenn ich sie verwende, habe ich mich oft dafür entschieden, den zusätzlichen Schritt und die geringe Menge an Einwegplastik zu sparen. Trotzdem befürworte ich Auskleidungen und empfehle, beide Möglichkeiten auszuprobieren.

Wie es funktioniert. Die Auskleidung wirkt auf zwei Arten. Erstens klebt sie direkt auf dem Substrat und verhindert so, dass Luft und Feuchtigkeit mit den Rändern des Kuchens in Berührung kommen. Das macht den ausgekleideten Bereich weniger geeignet für die Bildung von Pinheads. Zweitens hält die Auskleidung einen Teil des Lichts ab, was eine natürliche Bildung von Pinheads verhindert. Idealerweise wachsen die meisten Pilze auf der Oberseite des Kuchens, da die Auskleidung an den Seiten und am Boden weniger günstige Bedingungen für das Wachstum bereithält.

Wie man es macht. Schneide einen schwarzen Müllsack auf eine Größe, die in den Behälter passt – ein 30 x 40 cm großes Stück ist ideal für einen Behälter in Schuhkartongröße. Einfacher geht es, wenn du ein größeres Stück Plastik erst dann zuschneidest, nachdem du es in den Behälter gelegt und die Zutaten eingefüllt und geebnet hast. Die Innenseite des Behälters mit einer dünnen Schicht 70-prozentigem IPA einzusprühen, sorgt dafür, dass der Kunststoff besser am Behälter haftet. Das beste Werkzeug zum Zuschneiden ist ein kleines Rasiermesser. Mit einer Schere geht es auch recht gut. Wenn du ein Rasiermesser benutzt, vermeide es, die Innenseite des Behälters zu zerkratzen, da sich in tiefen Kratzern bei der späteren Verwendung Verunreinigungen festsetzen können.

Übersicht über die nächsten Schritte

- Brich 155 Gramm gepresster Kokosfasern auf.
- Lege die Kokosfasern in den 6-Liter-Behälter und durchfeuchte sie langsam mit 775 ml kochendem Wasser.
- Wenn die Kokosfasern vollständig durchfeuchtet sind, gibst du einen Esslöffel Gipspulver hinzu und durchmischst alles gründlich mit einem desinfizierten Gegenstand.
- Klicke den Deckel zu oder verriegle ihn, und lass die Mischung sechs bis zwölf Stunden lang langsam abkühlen.
- Prüfe die durchfeuchtete Kokosfaser auf ihre Feldkapazität, indem du sie leicht drückst.
- Füge den beimpften Reis hinzu, löse die Klumpen auf und glätte die Oberfläche.

Vorbereitung des Substrats

Die Kokosfaser aufbrechen

Das Zerkleinern der Kokosfasern kann einer der schwierigsten Teile des Pilzzuchtprojekts sein, aber nicht, wenn du weißt, wie du vorgehst. Du siehst, dass zwei Seiten des Blocks ziemlich flach sind und keine Struktur haben, die anderen Seiten, normalerweise die kürzeren Kanten, aber in Längsrichtung gestreift sind. Der Trick ist, mit einem Schlitzschraubenzieher in die Rillen zu stechen, um den Block aufzuspalten. So gehst du vor:

1. Lege den Block auf ein Schneidebrett, um die Arbeitsfläche nicht zu beschädigen, wenn der Schraubenzieher durch die Kokosfasern fährt.
2. Führe den Schraubenzieher in und durch die Rillen. Es ist einfacher, an den Rändern anzufangen als direkt in der Mitte.
3. Nimm eine Waage und wiege 155 Gramm ab.
4. Zerbrich die großen Stücke mit deinen Händen in 20- oder 50-Cent-große Stücke. Kleinere Stücke durchfeuchten schneller und gleichmäßiger.

Das Wasser kochen

Der nächste Schritt besteht darin, kochendes Wasser über die Kokosfasern zu gießen. Obwohl das oft als Pasteurisierung bezeichnet wird, handelt es sich dabei nicht um eine echte Pasteurisierung, kommt ihr aber nahe. Für 155 Gramm Kokosfasern brauchst du 775 ml Wasser – das ist ein Verhältnis von 1 Teil Kokosfasern auf 5 Teile Wasser. Koche das Wasser für einen Behälter mit Kokosfasern auf einmal. Ein Wasserkocher ist wahrscheinlich am sichersten und praktischsten, denn er hat einen Ausgießer, mit dem du das Wasser gezielt einfüllen kannst. Wenn du das Wasser zum Kochen abmessen willst, musst du das leere Gefäß auf die Waage stellen und diese vor dem Ausgießen auf Null setzen (775 ml = 775 Gramm).

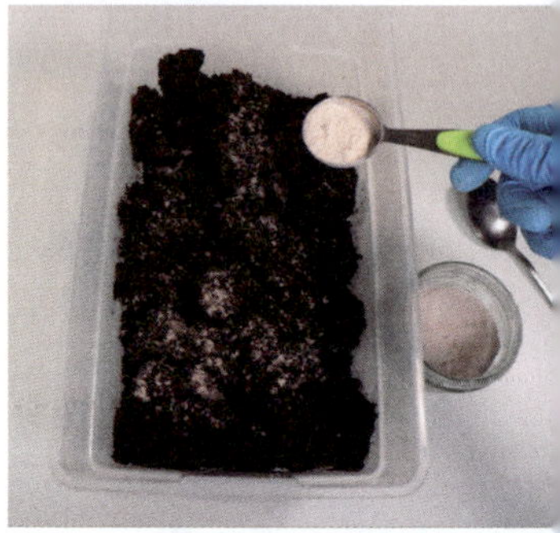

Durchfeuchten der Kokosfasern

Sobald das Wasser kocht, gieße es langsam über die Kokosfasern. Die besten Ergebnisse erzielst du, wenn du behutsam das Substrat durchgehst und jedes Stückchen Kokosfaser einweichst. Versuche zu vermeiden, dass sich das Wasser auf dem Boden des Behälters absetzt, da dies die gleichmäßige Verteilung des Wassers verlangsamt oder sogar verhindert. Nachdem du das Wasser aufgegossen hast, lass den Behälter stehen, bis die Kokosfasern das Wasser vollständig aufgesaugt haben.

Hinzufügen von Gips

Sobald die Kokosfasern durchfeuchtet sind, streue einen Esslöffel Gips darüber und mische ihn mit einem desinfizierten Gegenstand unter. Kontrolliere beim Mischen, ob noch Klumpen von Kokosfasern verblieben sind und zerkleinere sie. Achte darauf, auch in den Ecken zu schauen. Hebe den Behälter an, und überprüfe, ob die Ränder gleichmäßig sind.

Prüfung der Feldkapazität

Das richtige Verhältnis von Kokosfasern und Wasser ist einer der Schlüssel für eine gute Ernte, und obwohl das vorgegebene Verhältnis (1 Teil Kokosfasern auf 5 Teile Wasser) gut funktioniert, kannst du nicht davon ausgehen, dass es immer perfekt ist. Wenn du wirklich Profi werden willst, ist es nicht schwer, die Kokosfasern auf ihre Feldkapazität zu prüfen, das heißt die optimale Wasserhaltekapazität; das bedeutet, vollständig durchfeuchtet, aber noch mit genügend Luftstrom, damit die mikroskopisch kleinen Hyphenstränge des Myzels schnell und effizient durch die Kokosfasern wandern können.

Prüfe die Kokosfasern, indem du eine Handvoll nimmst und sie zusammendrückst. Stelle dir einen festen Händedruck vor, der solide wirkt, aber ohne weh zu tun. Ein paar Wassertropfen sollten herauskommen, aber man sollte keinen starken Strahl sehen. Falls die Kokosfasern zu trocken sind, fügst du einfach etwas kochendes Wasser hinzu und rührst es ein, bis die Feuchtigkeit genau richtig ist. Wenn die Kokosfasern zu nass sind, drückst du etwas von dem überschüssigen Wasser aus und mischst es wieder unter, bis du mit dem Feuchtigkeitsgehalt zufrieden bist. Falls du irgendwann feststellst, dass deine Kokosfasern immer trocken sind, kannst du das Verhältnis von Kokosfasern zu Wasser anpassen, auf 1 Teil Kokosfasern zu 5,5 Teilen Wasser – oder etwas in der Richtung. Wahrscheinlich brauchst du nichts anzupassen, aber es ist am besten, wenn du die ersten paarmal nachschaust, um sicherzugehen, dass alles gut aussieht.

Hinzufügen des besiedelten Reises

Nachdem die Kokosfasern sechs bis zwölf Stunden lang abgekühlt sind, prüfe die Temperatur, indem du die Außenseite des Behälters abtastest. Mache eine Probe mit dem Thermometer oder einem behandschuhten Finger, um sicherzustellen, dass die Kokosfasern durchgehend abgekühlt sind. Sie sollten nicht viel wärmer als Raumtemperatur (25 °C) sein, bevor du fortfährst. Bei einer Temperatur von mehr als 35 °C riskierst du eine Beschädigung des Myzels. Leicht warm ist gut, aber wenn du dir unsicher bist, lass die Mischung etwas länger stehen.

Sobald die Kokosfasern ausreichend abgekühlt sind, desinfizierst du die Reisbeutel mit 70-prozentigem IPA. Massiere dann die Beutel, um das Myzel aufzubrechen, und mische den Reis unter die Kokosfasern. Stelle den Behälter wieder an seinen alten Platz, damit er erneut besiedelt wird und schließlich Früchte trägt. Im Folgenden findest du eine detaillierte Anleitung, wie du den besiedelten Reis hinzufügst.

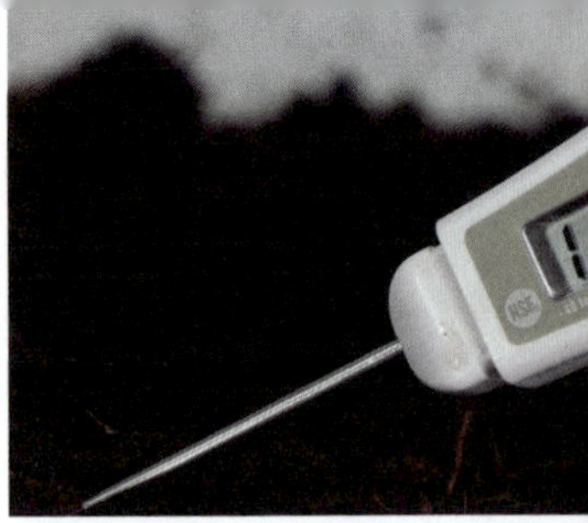

Links: Dieser Reis wurde aufgebrochen, sobald er fertig war. Wenn er länger steht, kann ein matschigeres Aussehen normal sein.

Aufbrechen der Reisbeutel

Bereite den Reis vor, indem du ihn wieder aufbrichst, so wie in der ersten Phase, bevor du ihn beimpft hast. Du solltest die Reisklumpen drücken, massieren und in einzelne Körner zerteilen. Je mehr du ihn

Wenn man ihn stehen lässt, ist das matschigere Aussehen dieses Reises normal.

aufbrichst, desto mehr Oberfläche hat er, was mit schnelleren Besiedlungszeiten und gesünderem Pilzwachstum einhergeht.

Hinzufügen des Reises zu den Kokosfasern

Schneide oder reiße die Oberseiten der beiden Reisbeutel für den Behälter auf, den du gerade bearbeitest. Auch wenn du an mehreren Behältern gleichzeitig arbeitest, öffne immer nur einen Beutel auf einmal. Schütte den besiedelten Reis auf die Kokosfasern und mische ihn mit einem desinfizierten Gegenstand unter. Schau genau auf die Seiten und den Boden des Behälters, um sicherzugehen, dass die Mischung gleichmäßig verteilt ist.

Glätten der Kokosfasern

Streiche die Oberseite der Mischung mit einem desinfizierten Gegenstand oder einer behandschuhten Hand glatt, aber drücke sie nicht zusammen, ebne die Oberfläche und klopfe sie ganz vorsichtig flach. Eine geglättete Oberfläche hält ein gleichmäßiges Mikroklima mit sehr feuchter Luft direkt über der Oberfläche aufrecht, anstatt sie in ein paar Furchen zu konzentrieren. Stell dir vor, du seist zusammengeschrumpft und stündest auf der Oberfläche der Kokosfasern; wenn du dich umschaust, hast du das Gefühl, du befindest dich inmitten eines großen Feldes und nicht in einem hügeligen oder bergigen Gelände. Zum Schluss besprühst du die Oberfläche des Gemischs mit Wasser und klickst den Deckel zu oder verschließt ihn.

PRO

PROFI-TIPPS

Mach dir keine Sorgen, es zu übertreiben. **Myzelium kann aus einer einzigen Zelle wachsen, und selbst wenn du beim Massieren recht unsanft bist, es *wird* ohne Probleme wachsen. Es ist zwar nicht nötig, das Myzel wirklich stark zu bearbeiten, aber es schadet ihm nicht.**

Keine Angst vor einer bläulich-grauen Farbe. Eine bläulich-graue Farbe ist oft dafür verantwortlich, dass gute Pilzzuchtprojekte im Müll landen. Nach dem Aufbrechen der Reisbeutel wirst du vielleicht feststellen, dass das vorher weiße Myzel bläulich-grau geworden ist und vermuten, es sei verunreinigt. In Wirklichkeit handelt es sich fast immer um bloße Druckstellen. Wird das Myzel unsanft behandelt, kommt es bei ihm zu einer Druckstellenreaktion, wie sie auch bei Fruchtkörpern üblich ist, und es entsteht die Verfärbung. Wenn du nicht sicher bist, wie gesund das Myzel ist, rieche am Inhalt des Behälters. Ist das Myzel verunreinigt, riecht es schlecht, und ein fauliger oder saurer Geruch sticht in die Nase, oder es verströmt einen süßlichen, leicht kokosartigen Geruch (ein sicheres Zeichen für Grünschimmelbildung).

Warten auf die Besiedlung – mit Licht

Bringe den Behälter wieder in den gleichen Zustand, in dem die Reisbeutel waren. Der gleiche Temperaturbereich (20 bis 25 °C) gilt genauso wie in der ersten auch in der zweiten Phase. Es gibt nur einen Unterschied – das Licht. Es ist wahrscheinlich am einfachsten, von Anfang an Licht zu geben, obwohl es technisch gesehen erst notwendig ist, wenn die Mischung vollständig besiedelt ist, was unter idealen Bedingungen normalerweise 10 bis 14 Tage dauert.

Das Myzel braucht kein Licht, um zu wachsen, da es dies unterirdisch oder in einem Substrat tut, aber Pilzen tut etwas Licht

gut. Sie ziehen keine Energie aus dem Licht wie Pflanzen, aber Licht fördert die aufrechte und kräftige Pilzbildung. Licht beeinflusst auch die Wachstumsrichtung, das heißt, wenn nur eine Seite des Behälters beleuchtet wird, neigen sich die Pilze dorthin und bilden sich auf dieser Seite zahlreicher aus. Es ist nicht viel Licht nötig. Eine einzelne Glühbirne mit geringer Wattzahl reicht aus. Mit mehr Licht, zum Beispiel mit einem LED-Lichtband, wirst du kräftigere oder zumindest regelmäßigere Flushs sehen. Das Licht braucht nur ein paar Stunden am Tag zu brennen, doch manche Züchter bevorzugen einen Rhythmus von 12 Stunden Licht/12 Stunden Dunkelheit. Andere Züchter lassen das Licht ununterbrochen brennen, ohne dass es Schaden anrichtet. Ein Raum mit Umgebungslicht durch ein Fenster ist ebenfalls geeignet. Halte das Myzel einfach von direktem Sonnenlicht fern.

Pflege des Behälters

Wenn du alle Pflegemaßnahmen befolgst und deinen Behälter gut im Auge behältst, sollte es nicht lange dauern, bis er voll mit schönen Pilzen ist.

Foto oben: geschlossener Behälter / unten: aufgesprungener Deckel

Frischluftaustausch

Die Besiedlung oder die Zeit, die das Myzel braucht, um die gesamte Oberfläche des Kuchens zu bedecken, dauert etwa 10 bis 14 Tage. Falls die vollständige Bedeckung in dieser Zeitspanne noch nicht erreicht wurde, warte, bis es soweit ist. Ist der Kuchen ganz bedeckt, ist es an der Zeit, den Deckel zu öffnen – nimm ihn aber nicht ab. Entriegele einfach beide Seiten oder klappe die Verschlüsse hoch, hebe den Deckel ein wenig an und lasse ihn gleichmäßig wieder sinken. Durch das Anheben des Deckels entsteht ein kleiner Luftspalt um den größten Teil des Deckels herum, und dieses bisschen zusätzliche Luft ist alles, was du brauchst. Auch wenn es andere Meinungen gibt, die einen stärkeren Luftstrom befürworten, funktioniert diese Technik und verringert zudem sogar die Notwendigkeit des Besprühens mit Wasser zum Erhalt der optimalen Feuchtigkeitsmenge – oder macht sie ganz überflüssig. Den Luftstrom weiter zu verstärken, ist ein lohnendes Experiment, obwohl es mehr Aufmerksamkeit für den Feuchtigkeitsgehalt erfordert.

Den Deckel umdrehen

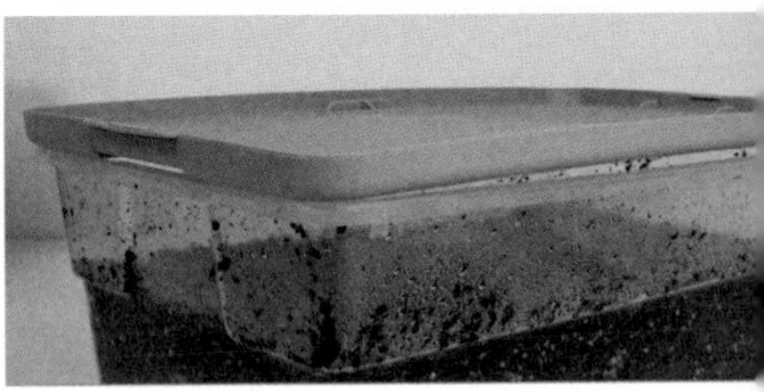

Das Aufklappen des Deckels funktioniert gut, wenn du aber keine zusätzliche Arbeit scheust, die sich möglicherweise lohnen könnte, drehe den Deckel um, anstatt ihn einfach aufzuklappen. Ein umgedrehter Deckel lässt viel mehr Luft in den Behälter eindringen, was die Verdunstung erhöht und ein stärkeres Besprühen erfordert, damit der Kuchen nicht austrocknet. Dieser Vorgang kann zu größeren Pilz-Flushs führen. Die Verdunstung an der Oberseite des Kuchens ist der beste Weg, um das Austreiben zu steigern.

Luftfeuchtigkeit und Oberflächenbedingungen

Um den Behälter richtig zu pflegen, musst du die Oberflächenbedingungen genau im Auge behalten, vor allem die Feuchtigkeit der Kuchenoberfläche. Die idealen Bedingungen sind vorhanden, wenn die gesamte Oberfläche des Kuchens und die Wände des Behälters mit einer dichten Schicht aus einzelnen winzigen Wassertröpfchen bedeckt sind. Sobald diese Tröpfchen von der Oberfläche verdunstet sind, ist es Zeit für eine weitere Besprühung.

Es kann passieren, dass der Kuchen zu stark befeuchtet wurde. Es ist zu viel, wenn die winzigen Wassertröpfchen anfangen, größere Pfützen auf der Oberfläche des Kuchens zu bilden. Das ist kein großes Problem; saug das Wasser auf, indem du es mit der aufgerollten Ecke eines sauberen Papiertuches abtupfst.

Sobald sich Pinheads bilden, hörst du auf, den Kuchen zu besprühen, und konzentrierst dich auf die Wände sowie die Innenseite des Deckels. Das Besprühen und der Verdunstungszyklus fördern die Bildung von Primordien und Pinheads, doch sobald sie sich zu zeigen beginnen, ist das direkte Besprühen des Kuchens eine der Hauptursachen für fehlgeschlagene Pinheads. Wenn du nur die Wände und die Innenseite des Deckels besprühst, entsteht ein überschüssiger Sprühnebel, der auf die Oberfläche des Kuchens sinkt. Das ist in Ordnung – sprühe nur nicht direkt auf den Kuchen.

Wie man sprüht

Der beste Weg, um die perfekte Oberfläche zu erreichen, ist die Verwendung eines Sprühgeräts aus dem Friseursalon oder Ähnliches, das einen sehr feinen Drucknebel abgibt. Halte es etwa 30 cm über dem Kuchen. Sprühe in kleinen Stößen von ein oder zwei Sekunden, warte dann einen Moment, und sprühe dann erneut. Prüfe zwischen den Sprühstößen, ob der Kuchen

Überprüfe die Behälterwände und die Oberflächenbeschaffenheit auf Feuchtigkeit.

bedeckt ist. Eine normale Sprühflasche mit einer Sprüheinstellung funktioniert auch. Anstatt direkt auf den Kuchen zu sprühen, drehst du die Flasche jedoch so, dass sie in die Luft sprüht und der Nebel sanft auf den Kuchen sinkt. Ein Abstand von 45 bis 60 cm reicht normalerweise aus, damit der Sprühnebel langsamer wird und etwas von seinem ursprünglichen Druck verliert.

Anzeichen für Feuchtigkeit

Eine gute Möglichkeit, um festzustellen, wie feucht oder trocken der Kuchen ist und ob er besprüht werden muss, ist die aufmerksame Beobachtung der Behälterwände. Du solltest die gleichen kleinen Feuchtigkeitsperlen an den Wänden sehen, wie sie auf dem Kuchen zu sehen sein sollten. Die Überprüfung der Wände auf Feuchtigkeit ist zwar eine gute Regel, aber nichts ist wichtiger, als tatsächlich die Oberflächenbeschaffenheit anzuschauen. Immer, wenn die Wände nicht größtenteils mit Feuchtigkeit bedeckt sind, ist der Zeitpunkt geeignet, um sie und /oder den Kuchen zu besprühen.

Große Pilze

Nicht alle, aber viele Pilzsorten wachsen von Natur aus in die Höhe. Oft sind sie sehr anpassungsfähig und richten ihr Wachstum an den gegebenen Bedingungen aus, obwohl sie einen losen Deckel leicht wegdrücken können. Du kannst diese Lage entspannen, indem du die Abdeckung erhöhst. Anstatt den Deckel draufzulassen und nur ein paar Zentimeter für das Wachstum nach oben zu geben, nimmst du einen zweiten Behälter und stellst ihn umgedreht oben auf den ersten. Richte die langen Seiten der beiden Behälter aneinander aus, versetze aber die kürzeren Seiten um etwa 0,5 bis 1 Zentimeter. Fixiere ein Stück Klebeband an einer der langen Seiten, um die Behälter in Position zu halten; so hast du gleichzeitig ein Scharnier, das einen einfachen Zugang während der Ernte oder zur Wartung ermöglicht. Einige Züchter nennen das auch «Doppelbehälter»-Aufbau.

Auf das Wachstum achten

Sobald du siehst, dass sich kleine Fruchtkörper bilden, solltest du sie genau im Auge behalten, denn sie wachsen schnell. Wenn du nicht aufpasst, können sie über ihren idealen Erntezeitpunkt hinauswachsen. Sei außerdem besonders vorsichtig, wenn die Pinheads auftauchen, weil sie empfindlich auf direktes Besprühen sind.

Phase 3: Ernte, Lagerung und kontinuierliche Pflege

Materialien

Checkliste

- Messer oder Schere
- Gefrierbeutel mit Gleitverschluss
- Tütchen mit lebensmittelechtem Siliziumdioxid als Trocknungsmittel
- Dörrgerät
- 70-prozentiger Isopropylalkohol (IPA)
- Zwei Sprühflaschen (für IPA und Wasser)

Messer oder Schere

Wo zu bekommen?

Kaufhaus oder Baumarkt.

Was ist das?

Ein scharfes Schneidewerkzeug ist hilfreich beim Sammeln von Pilzen.

Warum verwenden?

Pilze können zwar sowohl mit als auch ohne scharfe Schneide geerntet werden, aber du solltest die überflüssigen Kokosfasern entfernen, die unweigerlich an der Basis der Pilze kleben. Obwohl sowohl ein Messer als auch eine Schere zum Ernten von Pilzen gut geeignet sind, lassen sich die Stielenden besser mit der Schere entfernen, wenn du von Hand erntest.

Gleitverschlussbeutel oder Gefrierbeutel

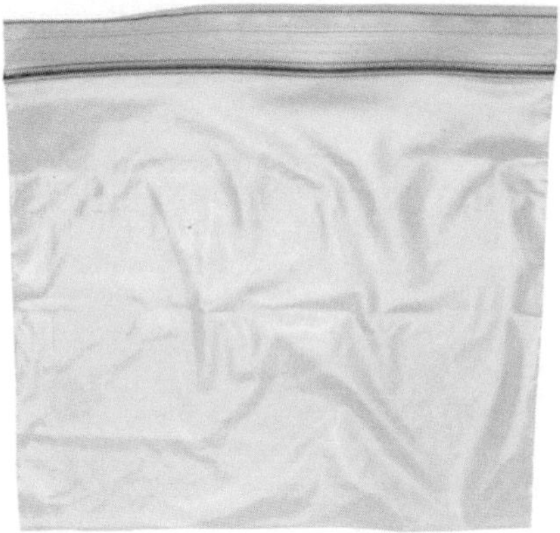

Wo zu bekommen?

Kaufhaus oder Lebensmittelladen.

Was ist das?

Auch wenn normale Gleitverschlussbeutel ihren Zweck erfüllen, haben Gefrierbeutel mehrere Schichten, die das Gefriergut zusätzlich vor Außenluft und Gerüchen schützen.

Warum verwenden?

Durch die mehrfachen Schichten, die das Innere des Beutels von der Außenseite trennen, und verhindern, dass Luft in den Beutel eindringt, sind Gefrierbeutel mit Gleitverschluss eine gute und kostengünstige Aufbewahrungsmöglichkeit – mit zwei Hinweisen für die langfristige Lagerung: Gib Trockenmittel in die Beutel und bewahre jeden Beutel in etwas anderem auf. Auch wenn vakuumversiegelte Beutel für die langfristige Lagerung eine bessere Wahl sind, haben sie keine großen Vorteile gegenüber Gefrierbeuteln (solange die Hinweise beachtet werden), sind aber viel teurer und erfordern etwas mehr Arbeit.

Lebensmittelgeeignete Silica-Trockenmittelbeutel

Wo zu bekommen?

Kaufhaus oder Baumarkt.

Was ist das?

Silica- (Kieselerde-) Beutel sind wichtig für die Trockenhaltung. Du kennst sie vielleicht als das, was du aus einer Tüte Trocken-

fleisch nicht mitisst, oder vielleicht hast du sie in einem neuen Paar Schuhe gesehen. Da du die Pilze essen wirst, brauchst du ein Trockenmittel in Lebensmittelqualität. Die beste Trockenmittelart für Pilze sind Kügelchen, die ihre Farbe verändern und anzeigen, ob das Trockenmittel noch Feuchtigkeit aufnimmt oder ob es «voll» ist. Achte außerdem auf ein Trockenmittel, das in der Mikrowelle, im Ofen oder im Dörrgerät aufgeladen werden kann.

Dörrgerät

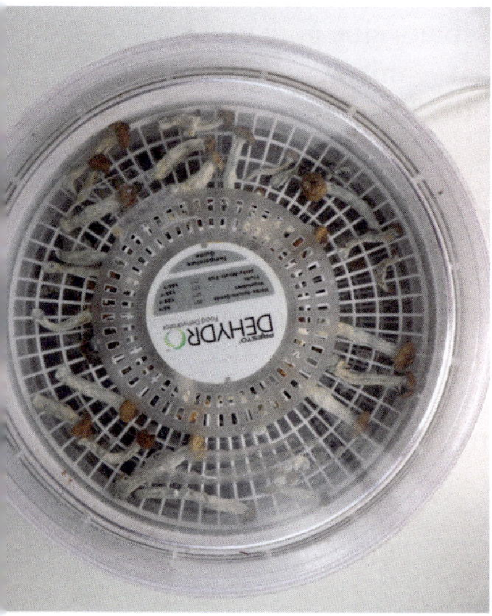

Wo zu bekommen?

Gebrauchtwarenladen oder Kaufhaus.

Was ist das?

Es gibt viele Arten von Dörrgeräten mit unterschiedlichen Funktionen, aber alle erfüllen die einfache Aufgabe, feuchte Produkte zu trocknen.

Warum verwenden?

Psilocybe-cubensis-Pilze bestehen zu etwa 90 Prozent aus Wasser, und man braucht ein spezielles Gerät, um sie schnell und wirksam zu trocknen. Die besten Funktionen eines Dörrgerätes sind ein Gebläse und ein einstellbarer Thermostat, der auf 60 °C oder höher eingestellt werden kann. Man kann mit einem Modell Erfolg haben, das nur eine Heißmetallspirale und einen passiven Luftstrom hat, aber wenn du die Wahl hast, solltest du ein Modell mit einem Ventilator und einem einstellbaren Thermostat kaufen. Letztendlich ist jedes Dörrgerät ein gutes Dörrgerät, also schlage ein günstiges Angebot im Secondhand-Laden nicht aus.

Einschübe versus Körbe

Dörrgeräte mit Einschubsystem (einschließlich des beliebten Excalibur) sind Frontlader-Geräte mit verstellbaren Einschüben. Sie werden normalerweise durch ein seitlich oder rückwärtig angebrachtes Heizelement betrieben, das gleichmäßige Wärme erzeugt. Sie sind sehr zuverlässig. Die Nachteile sind, dass sie viel Platz brauchen, nicht genug Spielraum für die Chargengröße bieten und oft teurer sind als die Modelle mit Korb.

Dörrgeräte mit Körben sind nicht so zuverlässig wie Einschubgeräte. Es sind Toplader-Geräte mit einem Sockel, in dem sich ein Heizelement und manchmal ein Gebläse befindet, sowie mit einer Reihe von Körben, die aufeinander gestapelt werden, und einem Deckel, der den obersten Korb abdeckt und das Ganze verschließt. Die größte Schwierigkeit bei Dörrgeräten mit Körben ist der bloß schmale Spalt zwischen den Schalen, sodass große Pilze zerdrückt werden.

PROFI-TIPPS

Du kannst das Problem des schmalen Spalts zwischen den Körben eines Dörrgerätes lösen, indem du zusätzliche Körbe kaufst, den Gitterrost entfernst und dadurch Abstandhalter hast. Das schafft genug Platz für kräftige Pilze, ohne sie zu zerdrücken, und sorgt trotzdem für eine gute Belüftung.

Vorgehensweise

Sauberkeit

Obwohl die Sauberkeit in dieser Phase eine geringere Rolle spielt als in den beiden vorherigen, ist sie immer noch wichtig. Es ist empfehlenswert, sich die Sauberkeitsrichtlinien, wie in der ersten Phase besprochen, zur Gewohnheit zu machen.

Ernten

Der Zeitpunkt der Ernte rückt schnell näher, aber woher weißt du, wann er gekommen ist?

Der richtige Zeitpunkt zum Ernten ist, wenn dic Unterseite der Pilzkappe sich zu weiten beginnt, aber noch nicht ganz geöffnet ist. Der schmale Rand, der die Kappe mit dem Stiel verbindet, wird als Schleier bezeichnet. Seine Aufgabe ist es, die Lamellen zu schützen, bis die Sporen bereit sind, sich zu verbreiten. Ernte

immer dann, wenn sich dieser Bereich dehnt aber noch heil ist, idealerweise eher zu Beginn. Der Hauptvorteil ist, dass die Pilze robuster sind und während der Konservierung und Lagerung heil bleiben. Wenn sie voll ausgereift und offen sind, lösen sich die Kappen und Stiele nach dem Dörrtrocknen oft leicht voneinander, und die Kappen können bei unsanfter Handhabung leicht brechen.

Die Zeit zwischen einer idealen Ernte und dem Abfallen der Sporen kann kurz sein und nur acht bis zwölf Stunden betragen. Wenn du vor der Sporenbildung erntest, solange die Kappe noch geschlossen ist, hast du bessere Chancen, das ideale Erntezeitfenster zu erwischen. Falls Sporen herausfallen, haben sie keinen Einfluss auf den Verzehr oder auf weitere Pilzs-Flushs; die Pilze sind dann nur unansehnlich und nicht mehr so schön.

Dreh- und Ziehmethode

Bei dieser einfachen Erntemethode drehst du etwas bevor du ziehst, so wie beim Pflücken der meisten Obstsorten. Bei den Pilzen reißen durch die erste Drehung die meisten Myzelverbindungen um die Basis herum ab, und die restlichen Fäden lösen sich durch das Ziehen am Schluss.

Die verschiedenen Stämme von *Psilocybe cubensis* sind unterschiedlich stark miteinander verbunden. In manchen Fällen hinterlässt schon ein richtig ausgeführtes Drehen und Ziehen ein kleines Loch im Kuchen. Diese Löcher sind etwas problematisch und können das Risiko einer Verunreinigung erhöhen sowie die Produktion zukünftiger Pilz-Flushs verringern. Wenn du nicht drehen und ziehen kannst, ohne den Kuchen zu beschädigen, dann verwende die Schneidemethode.

Beachte dabei, dass üblicherweise der untere Teil oder der Stielansatz der Pilze abgeschnitten wird, wenn noch Kokosfasern daran hängen, bevor die Pilze dörrgetrocknet werden.

Schneidemethode

Bei dieser Erntemethode wird ein scharfes Messer oder eine Schere verwendet, um die Pilze aus dem Substrat zu schneiden. Der Hauptunterschied zwischen einem guten und einem schlechten Schnitt besteht darin, wie nah du an das Substrat herankommst, ohne in den Kuchen zu schneiden. Das Problem bei dieser Methode ist, dass die zurückbleibenden Stielstücke gelegentlich verunreinigt werden. Das ist in der Regel kein Problem, aber du solltest die Stielstücke im Auge behalten, denn das sind die Bereiche, in denen Schimmelpilze zuerst auftreten können, besonders bei späteren Pilz-Flushs. Der Vorteil des

Schneidens ist, dass es schnell geht, der Myzelkuchen heil bleibt und du einen Pilz mit einer sauber geschnittenen Basis erhältst. Allerdings kann es schwierig sein, mit einem Messer oder einer Schere in den Behälter zu gelangen. Vielleicht wirst du sowohl die Schneide- als auch die Dreh- und Ziehmethode anwenden.

PROFI-TIPP

Wenn du deine Pilze geerntet hast, kannst du sie bis zu einer Woche im Kühlschrank aufbewahren, bevor du sie roh verzehrst oder dörrtrocknest. Wenn du dörrtrocknest, solltest du eine größere Menge kleiner Tagesernten auf Vorrat lagern und sie dann auf einmal dörrtrocknen. Sei auf einige blaue Flecken an den Pilzen gefasst, vor allem entlang des Stiels.

Dörren, bis sie knochentrocken sind

Der wichtigste Faktor für die Langzeitkonservierung von Pilzen ist die Trockenheit. Der angestrebte Trockenheitsgrad ist so trocken wie möglich, also null Prozent Feuchtigkeit. Dieser Zustand höchster Trockenheit wird als «knochentrocken» bezeichnet. Die Pilze sollen knacken und zerbrechen, anstatt sich zu biegen und nachzugeben. Sie sollten vollkommen brüchig sein. Wenn du diesen Trockenheitsgrad erreichen und beibehalten kannst, werden deine Pilze wahrscheinlich jahrelang wirksam bleiben.

Es gibt viele Diskussionen darüber, wie man Pilze am besten knochentrocken bekommt, und die wichtigste Rolle spielt dabei die Temperatur. Ist es besser, die Pilze über einen langen Zeitraum hinweg einer niedrigen Temperatur auszusetzen oder sehr schnell einer hohen Temperatur? Vielleicht ist ein Mittelweg die beste Lösung. Dies sind die besten Wege, um sie knochentrocken zu bekommen.

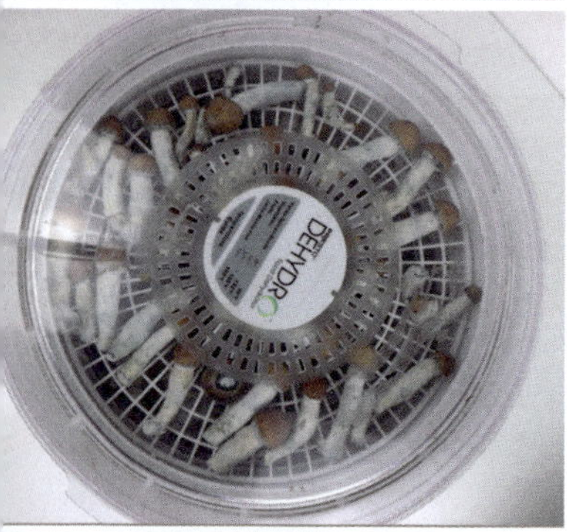

Dörrgerät

Die Temperatur, für die ich mich immer entscheide, ist 50 °C. Wenn du meinst, dass diese Temperatur zu hoch ist, kannst du sie auch niedriger einstellen. Manche Leute trocknen Pilze gerne bei knapp 40 °C. Das scheint keine große Rolle zu spielen. Der einzig wichtige Punkt dürfte die Trockenheit sein. Zum Argument, dass die Temperatur die Wirkung beeinflusst, gibt es nur wenige bis keine Daten zum Einfluss von Temperatur und Trocknungszeit auf die Wirksamkeit; allerdings scheinen niedrigere Temperaturen laut Erfahrungsberichten nicht ganz so sicher zu sein.

Bei 65 °C beträgt die Trocknungszeit normalerweise etwa acht Stunden. Bei knapp 40 °C sind es eher 24 Stunden. Die Trocknungszeit variiert je nach der Anzahl der Pilze sowie ihrer Größe und Dicke, also kontrolliere sie alle zwei bis vier Stunden, bis sie knochentrocken sind.

Sei vorsichtig, wenn du zu langsam trocknest. Eine Trocknung, die länger als einen Tag dauert, lädt schädliche Pilze und Bakterien ein. Betrachte die geernteten Pilze als Lebensmittel; du möchtest sicher auch nicht, dass eine warme Brise ein paar Tage lang auf das Dörrfleisch weht, bevor es endlich trocken ist.

Ventilator und Backofen

Wenn du kein Dörrgerät hast, kannst du den Trocknungsprozess auch mit einem Ventilator auf der höchsten Stufe beginnen. Diese Methode dauert mindestens 24 Stunden. Wenn du Zugang zu einem Trockengestell oder einer ähnlichen Fläche hast, die einen Luftaustausch ermöglicht, verwende diese als Unterlage und stütze sie auf etwas ab, damit die Luft darunter zirkulieren kann. Dann stelle sie so nah wie möglich an den Ventilator und komme wieder, wenn es den Anschein hat, als würden die Pilze nicht mehr trockener werden. Gehe nicht davon aus, dass der Ventilator die Pilze vollständig trocknet. An dieser Stelle kommt der Backofen ins Spiel.

Benutze den Backofen erst, wenn die Pilze so trocken wie möglich, aber nicht knochentrocken sind. Lasse den Backofen auf die niedrigste Temperaturstufe vorheizen, am besten unter 75 °C. Lege die Pilze auf ein Backblech oder ein Trockengestell, und schiebe sie in den Ofen. Kontrolliere mindestens alle 15 Minuten, ob sie trocken sind. Nimm die Pilze heraus, wenn sie knochentrocken sind.

Das Hauptproblem bei der Ofenmethode ist die Gefahr, dass die gesamte Charge durch die Dampfentwicklung im Ofen beschädigt wird, besonders wenn die Pilze nicht vollständig getrocknet wurden oder die Charge groß ist. Die Pilze sollen nicht gedämpft werden – sie verfärben sich dann dunkel und werden oft sehr hart.

Lagerung der Pilze

Grundsätze der Langzeitlagerung

- Pilze behalten ihre Wirksamkeit am besten, wenn sie nicht pulverisiert, sondern im Ganzen gelagert werden.
- Luftdichte Behälter eignen sich am besten.
- Viele Behälter, die als luftdicht gelten, sind nicht luftdicht.
- Trocknungsmittel sind ein absolutes Muss.
- Mehrere Schichten machen die fehlende Luftdichtigkeit wett.

Vakuumversiegelung

Ein Vakuumiergerät, das die Beutel mit den Pilzen bis zur Verwendung dauerhaft verschweißt, ist eine gute Wahl. Lege vor dem Verschweißen Trockenmittelbeutel in die Tüten. Schweiße kleine Mengen ein, zum Beispiel 3,5-Gramm-Portionen oder vielleicht genug für eine Charge Mikrodosen. Ziehe nicht die ganze Luft heraus, wobei du riskierst, dass die Pilze zerbrechen. Wichtiger ist es, auf die perfekte Verschweißung zu achten.

Mehrere Schichten verwenden

Viele Leute gehen davon aus, dass die Arbeit damit getan ist, die Pilze einfach in ein Einmachglas zu geben und den Deckel zuzudrehen oder in einen Gleitverschlussbeutel und diesen zuzudrücken. Einmachgläser werden für Konserven hergestellt und sind nur luftdicht, wenn der Deckel vakuumversiegelt ist. Und Gleitverschlussbeutel sind auch nicht luftdicht. Wenn du jedoch Schichten hinzufügst, sind beide Möglichkeiten machbar.

Ein Beutel in einem Glas ist besser als nur ein Glas, und ein Beutel in einem Beutel in einem Glas ist noch besser. Natürlich kannst du auch das Glas weglassen und einfach Beutel ineinander verwenden. Gefrierbeutel mit Gleitverschluss haben in der Regel die meisten Schutzschichten. Mehrere Schichten sind immer noch nicht wirklich gut, wenn du nicht ein paar Beutel mit lebensmittelechtem Silikat-Trockenmittel zufügst. Wenn du in jeder Schicht Trockenmittelbeutel hinzufügst, bleiben deine knochentrockenen Pilze monate- oder jahrelang in bestem Zustand.

Pflege nach der Ernte

Reinigen des Kuchens

Entferne sofort nach der Ernte alle Pilzreste aus dem Kuchen, einschließlich abgebrochener Pinheads und kleiner Pilze. Um an die Seiten und den Boden zu gelangen, kannst du den Kuchen aus dem Behälter nehmen, indem du ihn mit aufgesetztem Deckel ganz umdrehst. Der Kuchen liegt dann verkehrt herum auf dem Deckel, und so kannst du alle faulen Stellen leichter entfernen, bevor du den Behälter wieder auf den Deckel setzt und ihn wieder umdrehst.

Konzentriere dich vor allem auf die Fruchtkörper, das heißt auf die gerade wachsenden Pilze, denn sie stellen das größte Risiko zur Übertragung von Verunreinigungen dar. Du kannst kleine abgebrochene Pinheads entfernen, aber sie sollten kein Problem darstellen, wenn du sie stehen lässt. Und vergiss nicht, den Kuchen gut zu besprühen, bevor du den Behälter wieder für die Besiedlung bereit machst.

Kurzanleitung

- **Entferne die letzten kleinen Pilze oder Pinheads von der Oberseite des Kuchens.**
- **Drehe den Kuchen auf den Deckel, sodass die Seiten freiliegen.**
- **Säubere die Seiten und den Boden des Kuchens und lege ihn in den ursprünglichen Behälter zurück.**
- **Sprühe den Kuchen stark ein.**
- **Bringe den Behälter wieder in den Besiedlungszustand und warte auf einen weiteren Pilz-Flush.**

Fortlaufende Ernten

Du kannst von deinem Myzelkuchen mehrere sogenannte Flushs erwarten. Ein Flush ist eine Welle der Pilzproduktion. Vielleicht ist es schwierig, zu erkennen, wann der erste Flush abgeschlossen ist, weil hier und da noch Pilze auftauchen können. Aber nach einer Woche der Fruchtbildung zieht der Kuchen normalerweise seine Energie aus der Bildung von Früchten zurück, um sich auf einen zweiten Flush vorzubereiten. In manchen Fällen ist auch ein dritter und vierter Flush möglich, und manchmal bringt ein gut gepflegter Kuchen auch Monate lang hier und da einen Pilz hervor. Die Pilze werden jedoch mehrheitlich während des ersten und zweiten Flushs produziert.

Wenn der Myzelkuchen nicht weiter gepflegt wird, produziert er normalerweise weiterhin Pilze. Mit ein wenig Pflege sind die nachfolgenden Flushs viel gesünder und üppiger. Wasser ist die wichtigste Voraussetzung. In der Regel reicht eine starke Besprühung – ein dichter Film aus Feuchtigkeitsperlen auf der Oberfläche des Kuchens, den Wänden und der Unterseite des Deckels –, um den nächsten Flush anzuregen. Wenn dein Kuchen vernachlässigt wurde und etwas trocken ist oder keinen großen Flush am Anfang hervorgebracht hat, kann eine intensivere Maßnahme – ein vollständiges Eintauchen in Wasser – helfen.

Weitere Pflege

Wenn du deinen Kuchen entweder besprüht oder durchtränkt hast, besteht der nächste Schritt ganz einfach darin, den Kuchen unter denselben Bedingungen zu halten, unter denen er zu Beginn erfolgreich war und während des gesamten Ablaufs die Feuchtigkeit aufrechtzuerhalten. Denk daran, dass ein Myzelkuchen mit zunehmendem Alter immer anfälliger für Verunreinigungen wird und mit jedem Flush weniger produziert.

Wann man weitermachen sollte

Dein Myzel hat sich angesiedelt, es hat seine Wachstumsgrenzen erreicht und Früchte getragen. Woher weißt du, wann es an der Zeit ist, zum letzten Stadium des Lebenszyklus deines Myzels überzugehen? Nennen wir es die Beerdigungsphase, in der du deinen Myzelkuchen in die Erde zurückgibst. Im Idealfall hast du die Möglichkeit, jemandes Garten damit zu düngen oder es auf einen Komposthaufen zu geben. Du wirst den Myzelkuchen auf jeden Fall loswerden.

In der Regel hat ein verbrauchter Myzelkuchen zwei oder mehr Flushs hervorgebracht und ist nicht mehr produktiv, oder er ist von Verunreinigungen überwuchert, meist von Grünschimmel. Die Bildung von Grünschimmelflecken nach dem zweiten oder dritten Flush ist völlig normal und geht auf Umweltverschmutzungen zurück, die das Myzel in einem geschwächten Zustand befallen, wenn nur noch wenig Leben darin ist.

Behalte das Myzel nach dem ersten Flush genauer im Auge als sonst, denn wenn der Schimmel beginnt, sich auszubreiten, kann er das in einem erschreckenden Tempo tun. Wenn du verschimmeltes Myzel entsorgst, mache das außerhalb deiner Arbeitsräume, in einem gut belüfteten Bereich, und bringe das Myzel schnell ins Freie, auf einen Komposthaufen oder in den Abfall.

Was ist, wenn nur wenige Pilze wachsen?

Was ist, wenn dein Myzel keine oder nur sehr wenige Pilze hervorgebracht hat? Manchmal gehst du alle Schritte durch, und alles sieht gut aus, aber es wachsen nur sehr wenige oder gar keine Pilze. Wenn die Temperatur in deinem Behälter unter den empfohlenen 20 bis 25 °C liegt, verzögert sich die Besiedlung und Fruchtbildung. Bedenke auch, dass 20 bis 30 Tage bis zur Fruchtbildung eine normale Zeitspanne sind. Wenn es sich nicht um eine Verzögerung handelt, gibt es in der Regel zwei Gründe für das Ausbleiben von Pilzen.

Der erste Grund ist Verunreinigung. Sieh genau hin: Wenn du außer Myzel, Kokosfasern, Reis und vielleicht ein paar Pinheads noch etwas anderes siehst, dann kämpft dein Kuchen möglicherweise gegen Verunreinigungen. Wenn du nichts entdeckst, dann ist eine Verunreinigung wahrscheinlich nicht das Problem, denn diese sind meist sichtbar.

Der zweite, häufigere Grund für das Fehlen von Pilzen ist, dass der Kuchen beim ersten Bebrüten zu trocken war. Der Myzelkuchen kann im Inneren ziemlich trocken sein, obwohl er durchaus Anzeichen für ein gesundes Wachstum aufweist. Wenn du alles andere ausgeschlossen hast, versuche, deinen Kuchen vollständig in Wasser einzutauchen.

Vollständiges Eintauchen in Wasser

Tauche den Kuchen für längere Zeit in Wasser ein, sodass er sich ganz vollsaugt. Einst eine gängige Praxis in der Mykologie, kommt das vollständige Eintauchen als regelmäßiges Vorgehen immer mehr aus der Mode. Betrachte es eher als eine Verbesserungsmaßnahme, denn als eine Notwendigkeit. Hier, was zu tun ist:

1. Finde einen Abstandhalter (irgendetwas, das einen Teil der Lücke zwischen Kuchen und Deckel ausfüllt), den du leicht mit 70-prozentigem IPA reinigen kannst. Es darf kein schmaler Gegenstand sein, der nur in der Mitte des Kuchens platziert wird, denn sonst könnte der Kuchen mittig zerbrechen.

2. Bevor du den Abstandhalter anbringst, säubere den Kuchen von allen Fruchtkörpern, abgebrochenen Stücken und Pilzüberresten. Nach der Reinigung der Oberseite befestigst du den Deckel und drehst den Behälter um. Entferne den Behälter vom Deckel, als wäre der Behälter der Deckel. Reinige dann die Seiten und den Boden des Kuchens auf die gleiche Weise wie die Oberseite. Setze den Behälter wieder auf, und drehe ihn zurück in seine richtige Position.

3. Nachdem du den von dir gewählten Abstandhalter desinfiziert hast, legst du ihn zwischen Kuchen und Deckel. Gib so viel Wasser hinzu, dass der Kuchen etwa einen Zenti-

meter untergetaucht ist, gerade so viel, dass die Oberseite des Abstandhalters knapp über dem Rand des Kuchens sitzt, und schließe den Deckel fest zu.

4. Lasse den Kuchen sechs bis zwölf Stunden lang ruhen, und entferne dann den Abstandhalter. Halte den Kuchen mit einer sauberen behandschuhten Hand fest, während du das Wasser abgießt, und achte darauf, dass du auch den letzten Tropfen erwischst. Es ist normal, dass der Kuchen die Farbe von Urin annimmt, also nicht erschrecken.

5. Stelle den Behälter wieder an denselben Ort wie vorher, und warte weitere zehn bis vierzehn Tage, bis die Fruchtbildung einsetzt. Wenn sich nichts tut, ist es an der Zeit, eine neue Charge zu starten.

Als Vorsichtsmaßnahme …

Normalerweise ist jedes Trinkwasser für die Pilzzucht gut genug. Aber für das vollständige Eintauchen in Wasser verwende ich gerne destilliertes oder anderes reines Wasser, um das Risiko einer Verunreinigung noch zu verringern. Das ist nicht notwendig, aber ich möchte beim Eintauchen einfach kein Risiko eingehen.

Erkennen von Problemen

Manche Züchter sind besorgt über das Aussehen ihrer Pilze, deshalb hier eine kurze Übersicht über einige Situationen, die dir widerfahren könnten, und wie du mit ihnen umgehen kannst. Manche Dinge sind kein Problem, andere schon.

Blaue Flecken oder Druckstellen: kein Problem

Ein gewisser Schaden ist bei der Ernte von Pilzen unvermeidlich. Die gedrückten Stellen färben sich aufgrund des Psilocybins

Nahaufnahme von leichten Druckstellen an einem Pilzstamm nach der Ernte.

in der Regel blau. Das ist nicht ungewöhnlich und stellt kein Problem dar. Es gibt Theorien, die besagen, dass eine stärkere Blaufärbung mit einer höheren Wirksamkeit einhergeht. Wenn deine Pilze also aussehen, als hätten sie nach der Ernte eine ordentliche Tracht Prügel bezogen, freue dich über die mögliche Wirkung.

Pelzige Stielenden: normalerweise kein Problem

Ein weißes, pelziges oder schaumartiges Myzel bedeckt einen Teil der Basis. Das können die unteren 0,5 bis 2,5 Zentimeter und mehr sein. Was du zunächst über pelzige Stielenden wissen musst, ist, dass es sich nicht um Verunreinigungen handelt, sondern einfach um Myzelwachstum, das auch als Luftmyzel bezeichnet wird. Ein ähnliches Phänomen kannst du beobachten, wenn dein Myzel den Behälter besiedelt und kleine Hyphenzweige in die Luft ragen.

Manche Leute behaupten, pelzige Stielenden seien ein Zeichen dafür, dass der Kohlendioxidgehalt zu hoch ist und du die Luftzufuhr erhöhen solltest. Das ist ein guter Hinweis, der den Ertrag oder die Größe deiner Pilze steigern kann, und manche Berichte deuten darauf hin, dass auch die Wirksamkeit zunimmt. Pelzige Stielenden sind jedoch in der Regel kein Problem, und du brauchst die Luftzufuhr nicht anzupassen.

Es ist jedoch einfach, für mehr Luftstrom in einem Behälter zu sorgen. Das übliche Vorgehen ist, den Deckel zu öffnen, aber du kannst ihn auch umdrehen. Mit einer Doppelbehälter-Ausrüstung (einem zweiten Behälter, der umgedreht auf dem ersten steht, damit deine Pilze höher wachsen können), richtest du die langen Seiten übereinander aus, lässt aber eine Lücke zwischen den kürzeren Seiten. Beides verbessert die Luftzirkulation und verringert den Kohlendioxidgehalt – aber die Lücken verringern auch die Luftfeuchtigkeit, was häufigeres Besprühen bedeutet.

Saubere Pilze, verunreinigter Behälter: ein mögliches Problem

Selbst wenn ein Myzelkuchen stark verunreinigt ist, können die Pilze selbst sauber aussehen. In einem solchen Fall könntest du dich entscheiden, die Pilze zu verwenden. Die gängige Meinung ist, dass ein Pilz, der in Ordnung aussieht, auch in Ordnung ist. Ist nur eine kleine Stelle verunreinigt, ist das kein Problem, und die Pilze können als sicher angesehen werden. Wenn der Behälter stark verunreinigt ist, verzehrt man die Pilze am besten nicht.

Verunreinigte Pilze: ein eindeutiges Problem

Wenn du Schimmel auf dem Pilz siehst, solltest du ihn auf jeden Fall wegwerfen. Siehe den Abschnitt zum Entsorgen von verunreinigtem Material.

Sind bakterienverseuchte Pilze noch zu retten?

Gelbe oder braune Stellen an Pilzkappe oder Stiel, oft als Fleckenbildung bezeichnet, sind das Kennzeichen einer bakteriellen Verunreinigung. Fleckenbildungen sind ein Zeichen von zu hoher Luftfeuchtigkeit und/oder zu wenig Frischluftaustausch. Diese Art der Verunreinigung tritt am häufigsten auf, wenn reifende Pilze stark besprüht werden, bis sie sichtbar nass sind. Sie ist nur dann ein Problem, wenn die Pilze roh gegessen werden; Fleckenbildungen können leichte Lebensmittelvergiftungen verursachen. Werden sie vollständig dörrgetrocknet, wird das Bakterium, das die Fleckenbildung verursacht, abgetötet. Das Trocknen bei einer Temperatur von mindestens 65 °C gewährleistet die Zerstörung der Bakterien. Falls du dir immer noch Sorgen machst, kannst du sicher gehen, dass die Organismen abgetötet werden, wenn du die getrockneten Pilze in einem Tee verwendest.

Umgang mit Verunreinigungen in Behältern

Gesundheitsgefahren durch häufige Verunreinigungen

Eine wichtige Frage für die meisten Anbauneulinge ist: Sind Verunreinigungen gefährlich für meine Gesundheit? Während das Vorhandensein von Schimmelpilzen normalerweise nichts Ernstes ist, kann es an der Schnittstelle von massivem Ehrgeiz und grober Vernachlässigung ernst werden. Ein einziger Behälter mit schimmeligem Substrat ist kein großes Gesundheitsproblem; du versiegelst den Behälter einfach, bringst ihn nach draußen auf den Kompost oder wirfst ihn weg und wäschst den Behälter aus. Du kannst eine OP-Maske oder eine N95-Maske (Anm. Übers: entspricht einer FFP2-Atemschutzmaske) tragen, wenn die Schimmelbildung besonders stark ist, weil sich die Sporen leicht lösen und in deine Atemwege gelangen können. Aber auch in diesem Fall ist es unwahrscheinlich, dass deine Gesundheit beeinträchtigt wird, es sei denn, du hast ein geschwächtes Immunsystem oder Asthma.

Wenn du viele verschimmelte Behälter auf einmal hast, ist die Gefahr größer, dass du genug Pilzsporen einatmest, um deine Lunge und deine Gesundheit zu schädigen. Deshalb solltest du bei allen Anbauprojekten den gleichen Ratschlag beherzigen, der auch für den Konsum von psychedelischen Substanzen gilt: niedrig anfangen, langsam steigern. Beginne mit einem kleinen überschaubaren Projekt, das du leicht kontrollieren kannst, bevor du deine Pläne ausweitest.

Wenn du deine Projekte gut im Auge behältst, sollte es fast unmöglich sein, dass eine große Menge Schimmel resultiert. Je nachdem wie es kommt, handle entsprechend. Das eigentliche Problem ist nicht deine persönliche Befindlichkeit, sondern die deines Anbauraums. Je mehr Schadstoffe in deinem Anbauraum verbleiben, desto höher ist das Risiko einer zukünftigen Verunreinigung. Natürlich lässt sich jeder Raum mit ein wenig Mühe und einem leichten Bleichmittel reinigen, doch diese Situation lässt sich ganz einfach vermeiden. Behalte deine Projekte im Auge, und kümmere dich um Verunreinigungen, wenn sie auftauchen.

Der Umgang mit Schimmel

Verunreinigungen in den Behältern können viele Formen annehmen, aber in den allermeisten Fällen handelt es sich um Grünschimmel. Vielleicht siehst du auch Spinnwebschimmel. Schimmelpilze, die als Grünschimmel bezeichnet werden, sind eigentlich weiß, ähnlich wie das Myzel, doch ihre Sporen erzeugen die Farbe, die wir sehen. Spinnwebschimmel ist gräulich weiß und sieht dem Myzel sehr ähnlich. Meistens haben Schimmelpilze einen süßlichen Geruch mit einem Hauch von Kokosnuss. Das kann zwar fast gut riechen, ist aber natürlich schlecht. Wenn du ein Schimmelproblem erkannt hast, hat sich der Organismus bereits ausgebreitet.

Es gibt ein paar Strategien zur Schimmelbekämpfung. Eine Möglichkeit ist die Quarantäne: Schließe den Deckel, um die mögliche Ausbreitung zu verhindern, und entferne den Behälter aus deinem Anbauraum. Erfahrene Anbauer entsorgen normalerweise jeden Behälter, aber Anbauneulingen fällt es vielleicht schwer, sich von ihrem ersten Projekt zu trennen. Ob du dein Projekt noch retten kannst, hängt von der Anzahl und Lage der verunreinigten Bereiche ab. Die Beseitigung ist oft die bessere Wahl, weil die Gefahr besteht, dass sich die Schimmelsporen ausbreiten.

Nur eine Stelle

Wenn du nur eine einzige verunreinigte Stelle entdeckst, gibt es noch Hoffnung. Nimm einen desinfizierten Esslöffel, und hebe die verunreinigte Stelle gut aus. Gib das ausgehobene Material vorsichtig und in einem Stück in einen anderen Behälter; achte darauf, dass keine Teile auf den Kuchen fallen. Beginne an den äußeren Rändern, und arbeite dich zur Mitte vor. Wische den

Löffel nach jedem Ausheben mit einem in 70-prozentigem IPA getränkten Papiertuch ab. Sofern es nicht eindeutig ist, dass die Verunreinigung auf die Oberfläche beschränkt ist (in diesem Falle entfernst du nur die Oberflächenschichten), arbeitest du dich bis zum Boden des Kuchens vor.

Mehrere Stellen

Auch wenn es nur zwei verunreinigte Stellen gibt, die aber gleichzeitig auftreten, wurde die Quelle der Verunreinigung mit Sicherheit irgendwie unter den besiedelten Reis gemischt. Wenn du Glück hast und die verschiedenen Stellen sich auf derselben Seite des Behälters befinden, schneide einen großen Teil des besiedelten Reises ab und halte dabei einen Abstand von etwa 5 cm zur Verunreinigung ein. Schneide den verunreinigten Teil mit einem desinfizierten Messer durch und entsorge ihn mit behandschuhten Händen oder desinfizierten Gegenständen. Sobald du den verunreinigten Bereich entfernt hast, trockne die Seite des Behälters mit einem Papiertuch ab und desinfiziere die trockene Oberfläche.

Wenn die verunreinigten Bereiche in einigem Abstand voneinander liegen und über den ganzen Behälter verteilt sind, dann ist der Ratschlag einfach: Beseitige den Inhalt des Behälters so schnell wie möglich.

Entsorgen von verunreinigtem Material

Wenn du Material aufgrund von Schimmelproblemen entsorgst, solltest du Vorkehrungen treffen, um die Verbreitung der Schimmelsporen, die in deinem Arbeitsbereich verbleiben können und das Risiko einer zukünftigen Verunreinigung erhöhen, so gering wie möglich zu halten. Du solltest auch eine Maske tragen, um das Einatmen von Schimmelsporen zu vermeiden. Grünschimmel und Spinnwebschimmel nützen eigentlich den Pflanzen, du kannst den Kuchen also einfach in den Garten oder auf den Komposthaufen oder -eimer werfen. Die am wenigsten ehrenhafte Wahl ist der Müll. Aus Gründen der Diskretion solltest du das weggeworfene Material in eine Papiertüte packen, wenn du es an einem öffentlichen Ort entsorgst, zum Beispiel in einer städtischen Biomülltonne.

Wenn du den Inhalt weggeworfen hast, reinige den Behälter mit Wasser und Seife, bis er glänzt. Normalerweise reichen Seife und Wasser aus, aber wenn der Schimmel gewütet hat, lohnt es sich, den Behälter ein zweites Mal mit Bleichmittel zu reinigen. Um auf Nummer sicher zu gehen, sprühst du ein Bleichmittel in den Behälter, lässt es ein paar Minuten einwirken und spülst es dann aus.

Alternativen

Vorgefertigte Getreidebeutel

Die meisten Firmen, die Getreidebeutel verkaufen, bieten ähnliche Produkte an, allerdings nur selten braunen Reis. Einige der am häufigsten verkauften Getreidesorten sind Roggenvollkorn, Weizenvollkorn, Hafer, Hirse und Sorghumhirse, aber das mit Abstand häufigste ist Roggenvollkorn. Diese Körner werden in einem autoklavierbaren (hitzebeständigen) Beutel mit einer Injektionsöffnung, normalerweise in der Mitte des Beutels, vorsterilisiert. Außerdem haben die Beutel ein Filterfeld, das einen geringen Luftaustausch ermöglicht.

Vorgefertigte Substratbeutel

Wenn du dir die Vorbereitung deines eigenen Substrats sparen willst, kannst du auch fertiges Substrat kaufen. Das am meisten verbreitete ist CVG – eine Mischung aus Kokosfasern, Vermiculit und Gips. Es ist ein gängiges Substrat für Anbauneulinge und unterscheidet sich nur geringfügig von dem Kokos- und Gipssubstrat, das für den Anbau im Behälter empfohlen wird. Die wichtigste Alternative ist ein Substrat auf Dungbasis oder ein CVG-Substrat mit Düngerzusatz. Die gängigsten Substrate auf Dungbasis werden aus Pferdemist hergestellt; andere Varianten werden in der Regel als «exotisch» bezeichnet.

Stammkultur

Wenn du die Zahl der Kulturen erhöhst, wirst du schnell merken, welche finanziellen Auswirkungen der Kauf immer neuer Kulturen hat. Mit ein paar neuen Kenntnissen und einer kleinen Investition ist es einfach, vom Kulturkonsumenten zum Kulturproduzenten zu werden. Hier erfährst du, wie du eine Spritze mit Flüssigkulturen in einen lebenslangen Vorrat an frischem Beimpfungsmaterial verwandelst.

Herstellung einer Flüssigkultur

Checkliste Materialien

- Veränderte Deckel
- Einmachgläser
- Zuckerquelle (zum Beispiel Haushaltszucker, Honig, Maissirup oder heller Malzextrakt)
- Rührwerk (Rührkapseln oder Rührkugeln)
- Rührplatte (optional, für Rührkapseln)
- Großer Topf
- Stammkultur (Flüssigkultur-Spritze, frischer Pilz, Myzel auf Agar)
- Pinzette oder Skalpell (für frischen Pilz)
- 10-ml-Spritzen und 16er-Nadeln
- Behälter für ruhige Luft (optional)

Angepasste Deckel für Einmachgläser

Während gekaufte Einmachgläser so verwendet werden, wie sie sind, lassen sich die Deckel auf vielfältige Weise anpassen, um sterile Behälter für die Aufbereitung des Materials zu bekommen. Für die Flüssigkultur bieten die angepassten Deckel eine Entlüftungsöffnung zum Luftaustausch und eine Injektionsöffnung zur Flüssigkeitsentnahme. Diese Deckel sind im Internet erhältlich, aber auch normale Deckel für Einmachgläser können zuhause angepasst werden.

Vorgefertigte Deckel für Flüssigkulturgefäße. Es gibt sie sowohl für weit- als auch für enghalsige Gläser.

Teilweise selbstgemacht. Bestelle Filteraufkleber und Aufkleber für Injektionsöffnungen bei microppose.com. Bohre vorsichtig zwei 0,5 cm große Löcher in den Deckel des Glases, etwa 1 cm neben der erhöhten Lippe, direkt einander gegenüber. Am besten geht es dann, wenn der Deckel auf dem Glas sitzt.

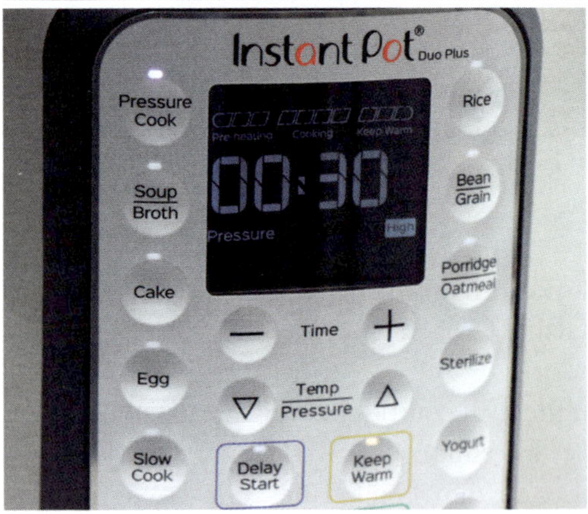

Schritte zur Herstellung deiner eigenen Flüssigkultur.

Befestige einen Filteraufkleber auf dem einen Loch und einen Aufkleber für die Einspritzöffnung auf dem anderen Loch, und du hast einen selbstgemachten Deckel für Flüssigkulturen, der viel günstiger ist als ein gekaufter.

Rühren

Das Umrühren der flüssigen Kultur bricht das Myzel auf und fördert das Myzelwachstum; außerdem erleichtert es die Extraktion mit einer Spritze. Es gibt zwei gängige Rührmethoden:

Rührkugeln. Bei dieser kostengünstigen Methode werden zwei oder drei Rührkugeln in das Glas gegeben, bevor du es sterilisierst. Du wirbelst die Rührkugeln herum, und erzeugst einen Strudel.

Rührkapseln und magnetische Rührplatte. Bei dieser noch wirksameren Methode werden eine Rührkapsel (die vor dem Sterilisieren in das Glas gegeben wird) und eine magnetische Rührplatte verwendet, um das Myzel bei hohen Umdrehungen in sehr kleine Stücke zu zerbrechen. Sie sind jetzt dank der gesunkenen Preise für wissenschaftliche Geräte erschwinglicher.

Einfaches Rezept für die Flüssigkultur

Flüssigkultur ist im Wesentlichen Zuckerwasser, und viele Arten von Zucker sind dafür geeignet. Beliebt sind Honig, Maissirup, hellbrauner Zucker und helles Malzextraktpulver (mein Favorit). Streuzucker lässt sich wesentlich einfacher verarbeiten und genau abmessen.

1. Stelle das leere Einmachglas auf die Waage (tariere sie oder stelle sie auf Null), dann füge die gewünschte Menge Wasser hinzu. Fülle das Glas etwa zur Hälfte, wenn du Rührkugeln verwendest, und bis zu zwei Dritteln wenn du eine Rührkapsel benutzt.

2. Berechne anhand des Wassergewichts die Menge des Zuckers, die du hinzufügen musst. Du brauchst 2 bis 3 g/ml Zucker auf 100 g/ml Wasser.
3. Gib das gewünschte Rührwerk hinzu (Rührkugeln oder Rührkapsel).
4. Setze den angepassten Deckel auf das Glas, und decke es mit Alufolie ab.
5. Sterilisiere das Gefäß in einem Schnellkochtopf oder einem Dampfgarer auf dem Herd.
6. Lasse das Gefäß von alleine abkühlen, ohne den Druck abzulassen oder den Deckel zu öffnen.

Sterilisieren

Sterilisation im elektrischen Schnellkochtopf. Ein elektrischer Schnellkochtopf, wie zum Beispiel der Instant-Pot-Multikocher, ist in der Regel einfacher zu bedienen als ein herkömmlicher Schnellkochtopf, aber seine Schnellkochstufe erreicht nur etwa 0,83 Bar. Die besten Ergebnisse erzielst du, wenn du die Zeit auf 45 Minuten einstellst. Lege einen nichtmetallischen Untersetzer oder einen anderen Gegenstand auf den Boden des Topfes, damit die Gläser das Metall nicht berühren und zerspringen. Fülle den Schnellkochtopf bis zur Hälfte der Gläser mit Wasser. Lasse die Gläser nach dem Durchlauf über Nacht abkühlen, und öffne den Topf in der Nähe deines Arbeitsplatzes, damit er möglichst sauber bleibt.

Dampfsterilisation. Fülle den Topf bis zur Hälfte der Gläser mit Wasser, und benutze einen Untersetzer oder einen ähnlichen Gegenstand, um den Boden der Gläser zu schützen. Das Sterilisieren von Flüssigkulturen mit Dampf dauert 60 Minuten bei 100 °C (Siedetemperatur), setze also einen dicht schließenden Deckel auf den Topf und starte deine Zeituhr, sobald der Dampf kräftig unter dem Deckel aus dem Topf entweicht. Lasse den Topf abkühlen, bevor du die Gläser herausnimmst.

Beimpfen

Beimpfe die Brühe mit 1 bis 2 cm^3/ml Flüssigkultur. Stelle das beimpfte Glas an einen Ort mit relativ ruhiger Luft und ohne direkte Sonneneinstrahlung, an dem die Temperatur 20 bis 25 °C beträgt. Schüttle das Glas alle drei bis sieben Tage für 30 bis 60 Sekunden, um das Myzelwachstum zu fördern, bis das Wachstum aufhört.

Befüllen einer Spritze

Richte einen sauberen Arbeitsplatz ein, schüttle das Myzel, um Klumpen aufzubrechen, desinfiziere das Glas und den Deckel mit 70-prozentigem IPA und entnimm die Flüssigkultur mit einer Nadel und einer Spritze. Achte darauf, die Nadel mit einer Flamme zu sterilisieren, falls sie vorher benutzt wurde.

Umgang mit Verunreinigungen

Um das Risiko von Verunreinigungen so gering wie möglich zu halten, testest du neue Flüssigkulturen, indem du eine Agarplatte oder einen einzelnen Reisbeutel beimpfst. Wenn du eine Verunreinigung feststellst, entsorgst du die kontaminierte Flüssigkultur, indem du sie zum Beispiel in die Gartenerde schüttest.

Verunreinigungen erkennen. Die Unterscheidung zwischen gutem und schlechtem Wachstum in Flüssigkulturen kann schwierig sein. Myzelwachstum sieht wie Wolken aus, die in der klaren Brühe schweben, während verunreinigtes Wachstum die gesamte Brühe trübe macht.

Lagerung. Saubere Flüssigkulturen bleiben lange Zeit unverändert und sind ein Jahr oder länger verwendbar. Für eine langfristige Verwendung werden sie am besten im Kühlschrank aufbewahrt. Die Dauer der Lagerung ist normalerweise nicht verantwortlich für eine Verunreinigung, aber durch die Anzahl der Entnahmen aus dem Glas erhöht sich das Risiko. Wenn ein Glas häufig benutzt wird, ist es sinnvoll, ein kleines Testbad zu machen, bevor du eine ausgiebige Beimpfung beginnst.

Mehr von Seth Warner

Neben dem Verfassen dieses Buches hat der Autor auch MycoRising gegründet, eine Initiative zum Aufbau einer Gemeinschaft und zur Schulung, die in der San Francisco Bay Area beheimatet ist und nationale Bedeutung hat. Er leitet wöchentlich «hikerodoses» (Wandern + Mikrodosieren), gibt Unterricht in der Mikrodosierung von Psilocybin und dem Anbau von Pilzen und unterstützt Menschen in Einzelbetreuung bei ihren Experimenten mit Mikrodosierung.

facebook.com/MycoRising/

Notizen

Notizen

Fliegenpilz vs. Psilocybin-Pilze

Was macht den Fliegenpilz so einzigartig?

Schon in seinem Auftreten und seiner Signatur unterscheidet sich der Fliegenpilz stark von psilocybinhaltigen Pilzen ...

"

Der Fliegenpilz bringt dich in deine Essenz zurück

Max Somorax

Sein markantes und fast unverwechselbares Aussehen macht ihn zu einer Schönheit in unseren Wäldern. Und fast scheint es mir, dass er auch das in uns hervorruft. Wenn ich seine Wirkung mit wenigen Worten beschreiben soll, dann würde ich wie folgt antworten: Er bringt mir Klarheit und führt mich zurück in meine Essenz. Durch Amanita vertraue ich meinem Bauchgefühl, weiss, was ich will und bringe dies auch direkt in Kontakt mit Anderen. Er lässt mich immer wieder erkennen, wo ich aus meiner Mitte geraten bin und wie ich wieder hineinfinde.

Kurzum, er hilft mir dabei, das einzigartige, strahlende Wesen zu sein, welches ich in Wahrheit bin.

Ein grosser Unterschied zu den anderen magischen Pilzen liegt in seinem Inneren. So sind es die Stoffe Muscimol und Ibotensäure, die die gewünschten Effekte hervorrufen, und nicht Psilocybin und Psilocin. Diese Wirkstoffe sind nicht nur unterschiedlich strukturiert und aufgebaut, sie docken auch an verschiedene Rezeptoren in unserem Gehirn an. So geht Muscimol mit den GABA-Rezeptoren in Verbindung und kann neuronale Erregungen verringern und somit eingeprägte Reaktionsmuster verändern. Dies erklärt vielleicht die positiven Effekte hinsichtlich psychischer Thematiken und Suchtproblemen. Die Ibotensäure verbindet sich mit den NMDA- bzw. den AMPA-Rezeptoren und hat damit Einfluss auf Lern- und Gedächtnisprozesse. Dies steigert das Körperbewusstsein und lässt uns instinktiver und intuitiver handeln. Es ermöglicht uns, neue synaptische Verbindungen zu erzeugen und alte zu überschreiben ...

Ganzer Artikel unter: *www.fliegenpilze.ch/versus*

High Quality Mycoextracts from
Lions mane, Ganoderma lucidum & Wild Chaga
www.strohente.ch
Living Cultures of:
Reishi
Lion's mane
Pleurotus djamor
Pleurotus eryngii
Pleurotus pulmonarius
King tuber (Slerotiaformer)
Available as:
Harvest Blades,
Petri Dishes,
Grain Spawn,
Mycelium Syringe
Cordyceps militaris & sinensis also Available as
Liquid Cultures and Petri Dishes
Feel free to ask... send your mail order request to:
quaaak@strohente.ch
Myco Revolution

Neuausgabe des Titels aus dem AT Verlag

Christian Rätsch

Pilze und Menschen: Rausch – Medizin – Nahrung

Gebrauch, Wirkung und Bedeutung der Pilze in der Kultur

ISBN 978-3-03788-654-0
224 Seiten, 22 x 28 cm, Softcover
reich bebildert, durchgehend 4-farbig

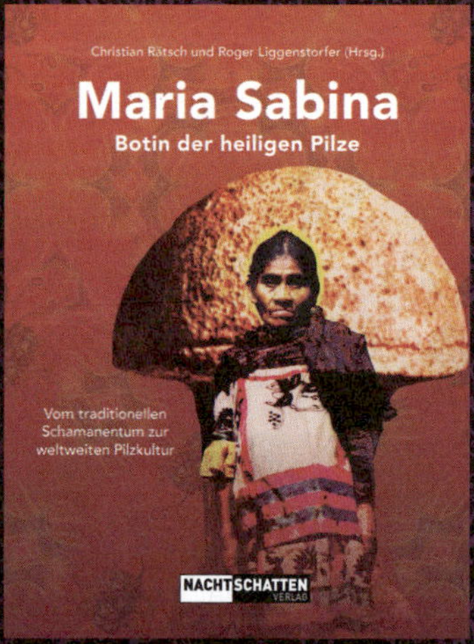

Neuausgabe des Klassikers von 1996

Christian Rätsch und
Roger Liggenstorfer (Hrsg.)

Maria Sabina – Botin der heiligen Pilze

Vom traditionellen Schamanentum zur weltweiten Pilzkultur

ISBN 978-3-03788-655-7
272 Seiten, 20 × 27 cm, Softcover, mit Farbteil

NACHTSCHATTEN VERLAG

Nachtschatten Verlag AG
Kronengasse 11
CH-4500 Solothurn

Tel +41 (0)32 621 89 49
Fax +41 (0)32 621 89 47

www.nachtschatten.c
info@nachtschatten.c

Das Magazin für psychoaktive Kultur
Lucys
Rausch
Das Magazin für psychoaktive Kultur
Lucys
Rausch
In memoriam
Christian Rätsch
1957–2022
Cannabis und
Spiritualität
Psychedelische
Ritualmusik
Räuchern im
Schamanismus
Psychoaktive Pilze
Psilocybin vs. Antidepressiva
Fliegenpilz-Rituale
Merlin Sheldrake im Interview
Forum für veränderte Bewusstseinszustände
Hanf
Ethnobotanik
Kultur
Wissenschaft
lucys-magazin.com
NACHTSCHATTEN
VERLAG
Nachtschatten Verlag AG
Kronengasse 11
CH-4500 Solothurn
Tel +41 (0)32 621 89 49
Fax +41 (0)32 621 89 47
www.nachtschatten.
info@nachtschatten.